滨海软土地区建筑物沉降性状与控制方法研究

王存贵　姜忻良　主编

内容提要

本书在分析了天津滨海软土地基大量的不同基础类型、不同长宽比建筑物的沉降数据的基础上，确定了模拟计算的曲面方程，对地基不均匀沉降对框架结构与剪力墙结构的影响进行了系统的反分析研究，并给出了计算实例。

本书共分9章，内容包括：绪论、正分析和反分析的有限元模拟、正分析模型建立与不同长宽比建筑物的沉降数据分析及曲面方程确定、不同基础类型建筑物的沉降数据分析及曲面方程确定、地基不均匀沉降对框架结构影响的反分析研究、地基不均匀沉降对剪力墙结构影响的反分析研究、剪力墙简化结构二元件模型、剪力墙简化结构反分析研究、天津滨海软土地区桩基实例分析。

本书可供建筑结构工程、岩土工程等相关部门的工程技术人员和研究人员使用，也可供高等院校建筑结构工程、岩土工程和相关专业的师生参考。

图书在版编目（CIP）数据

滨海软土地区建筑物沉降性状与控制方法研究／王存贵，姜忻良主编；张立敏等编. —天津：天津大学出版社，2015.12

ISBN 978-7-5618-5497-6

Ⅰ.①滨… Ⅱ.①王… ②姜… ③张… Ⅲ.①海滨－软土－建筑物－沉降－控制方法 Ⅳ.①TU196

中国版本图书馆CIP数据核字（2015）第304473号

出版发行　天津大学出版社
地　　址　天津市卫津路92号天津大学内（邮编：300072）
电　　话　发行部：022-27403647
网　　址　publish.tju.edu.cn
印　　刷　廊坊市海涛印刷有限公司
经　　销　全国各地新华书店
开　　本　185mm×260mm
印　　张　9.75
字　　数　240千
版　　次　2016年1月第1版
印　　次　2016年1月第1次
定　　价　48.00元

前　言

滨海软土地基承载能力较低，地基土的复杂性及差异性大，另外由于桩基计算理论的不成熟以及对基础沉降的过高要求，往往理论设计计算的沉降值与实际沉降值有一定的差距，有时甚至是较大的差距。由于缺乏对设计者具有良好指导和参考作用的建筑物沉降性状研究成果，如何合理经济地使建筑物的实际沉降值控制在国家规范和软土地区标准规定的允许范围内，是困扰设计者的一个问题。因此，往往会发生两个方面的问题：一是设计保守，加大地基基础设计的安全系数，这样增大了建设投资，造成不必要的浪费；二是迫于建设方的压力，或因设计单位及设计人员对滨海新区的地质条件了解不足，导致设计过程中安全系数取值过小或土性参数取值不当，而造成建筑物的沉降值超出规范或标准的允许范围或产生较大的不均匀沉降，前者影响建筑物的正常使用功能，后者会因建筑物的过度倾斜导致结构开裂，甚至造成结构破坏，从而影响建筑的正常使用，不论拆除重建还是进行纠偏处理、地基补强和上部结构加固，均会增加建设投资，带来较大的经济损失和不良的社会影响。

当沉降量和沉降差较大时，上部结构会产生很大的附加内力和附加变形，从而影响上部结构的正常使用功能和极限承载能力。因此，如何经济合理且安全地做好结构分析与设计工作，研究地基不均匀沉降对上部结构影响的反分析理论正日益受到国内外业界的高度重视。本书对上部结构与基础进行反分析研究，同时采用现有建筑物的实际沉降来进行反分析研究，以系统地分析地基不均匀沉降对上部结构的影响，为上部结构的设计调整提供依据。

本书以由建筑物长宽比、桩长和筏板厚度确定的反映沉降趋势的二次项系数为基础，以建筑物的实测沉降数据为边界条件修正，拟合建筑物的实际沉降曲面方程。在考虑结构—基础—地基相互作用的情况下，采用 ANSYS 有限元分析软件对地基进行不均匀沉降分析，并考虑了由相邻建筑物引起的附加沉降，得到了建筑物所引起的周边地基的沉降曲面。再以上部框架结构、桩基础、天津滨海新区典型软土地基为分析对象，分析地基不均匀沉降、沉降差、筏板厚度、相邻建筑物等对上部结构的影响，分析上部结构的附加轴力、附加剪力、附加弯矩等的变化规律，为系统地分析沉降对框架结构的影响提供依据；以上部剪力墙结构、桩基础、天津滨海新区典型软土地基为分析对象，分析相同的沉降工况、不同的基础刚度等对上部结构的影响，分析上部结构的附加轴力、附加剪力、附加弯矩等的变化规律，为系统地分析沉降对剪力墙结构的影响提供依据。然后以弹簧二元件模型为基础，提出一个更适用于实际工程平面布置的修改后的弹簧二元件模型，并根据常见的3种剪力墙形式——无翼缘的单肢剪力墙、有翼缘的单肢剪力墙、联肢剪力墙，分别用弹簧二元件模型与壳单元模型建立ANSYS有限元模型，进行计算结果的比较以查看修改的弹簧二元件模型和壳单元模型的计算误差。最后以天津市滨海新区一实际工程为例，计算了桩长、桩径的改变对沉降理论计算值的影响，为天津滨海软土地基的桩基的优化设计提供参考。

本书由王存贵、姜忻良主编，参加编写工作的有张立敏、张新民、段前忠、刘义猛、黄利明、吕月红、于杰大等。由于编者水平有限，对书中可能存在的不足和错误之处，敬请读者批评指正。

编　者

2016年1月

目　录

第1章 绪 论

1.1 研究不均匀沉降对上部结构影响的意义

随着现代经济持续、高速的发展,土建工程日益增多,难度不断增加,可利用的空间越来越少,人们不得不在不良地基(如软土地区等)上修建建筑物。天津滨海地区属于典型的软土地区。在现代高层建筑中,桩基应用非常普遍。群桩沉降计算一直是桩基设计理论中的一大难题,其受到土的类别与性质、成桩工艺、荷载水平、群桩几何尺寸(桩间距、桩长、桩数、桩径、桩基宽度与桩长比值等)、承台设置及承台—桩—土相互作用等的影响而变得比平板基础和单桩复杂。目前,群桩沉降计算的方法主要有剪切位移法、荷载传递法、有限元法、变分法、非线性计算的近似混合法等,但是由于桩基计算理论的不成熟,加上地基土的复杂性和差异性以及对基础沉降的过高要求,至今没有一种能精确计算群桩沉降量的方法,桩基实际沉降量和计算沉降量间往往有一定的差距。而在设计阶段,为了考虑这一最终可能并未达到的沉降量,在结构设计处理手段和设备管道连接以及施工措施方面都相应采取一些特殊措施。这些并非必要的措施不仅加大了施工难度,延长了施工周期,而且增加了工程造价。因此,通过大量实际工程的计算,结合实测沉降,分析常用沉降计算方法在天津滨海软土地区应用的不足和合理之处,对桩基初步设计及桩基理论的深入研究具有实际工程指导意义。

事实上,软土的压缩沉降量大,地基稳定性差,地基承载能力较低,在软土地基上建造高层建筑,沉降量和沉降差往往也很大,在上部结构会产生很大的附加内力和附加变形,从而影响上部结构的正常使用功能和极限承载能力。因此,如何经济合理且安全地做好结构分析与设计的工作,研究地基不均匀沉降对上部结构影响的反分析理论正日益受到国内外业界的高度重视。

地基不均匀沉降已经成为引起建筑物破坏的主要原因之一。20 世纪 50 年代,斯肯普顿(Skempton)和麦克唐纳(D. H. MacDonald)总结了 98 幢天然地基房屋的观察资料,这些房屋建于 1860—1952 年,其中 40 幢由于不均匀沉降的缘故,发生了不同程度的损坏,其损坏率接近 41% 。在天津、上海等软土地区,由于城市的快速发展,急需建造大量的高层建筑,研究地基的不均匀沉降对上部结构的影响是建筑设计和加固改造过程中急需解决的问题。

对上部结构与基础进行反分析研究,采用现有建筑物的实际沉降来进行反分析研究,以系统地分析地基不均匀沉降对上部结构的影响,找出上部结构的危险部位,为上部结构的设计调整提供依据。考虑基础刚度对反分析研究的影响,能够合理地设计基础,减少地基沉降和基础内力,降低基础造价。考虑沉降差对反分析研究的影响,能够合理地控制建筑物沉降差,减少上部结构的附加内力和附加变形。因此,分析地基不均匀沉降对上部结构影响的反分析研究具有很重要的意义,可以为纠偏设计及结构加固提供可靠的依据。而一般情况下,实际工程的实测点较少且大多分布在建筑物周围,无法满足地基不均匀沉降对上部结构影响的反分析研究的要求,需先进行正分析确定地基不均匀沉降的规律。

另一方面,不同基础和不同结构形式条件下地基不均匀沉降对上部结构的影响有所不同,因此有必要对框架结构和框剪结构及不同的基础形式等分别进行反分析研究。在通用计算软件 ANSYS 中,建模计算分析框架结构比较简单,而若用壳单元模拟剪力墙结构进行计算分析,由于计算量大而不适用于大型工程的宏观计算,本书以二元件模型为基础提出了修改后的二元件模型。通过三种常见剪力墙形式的算例,与壳单元模型计算结果比较,结果表明修改后的二元件模型具有较好的计算精度,可用于高层剪力墙结构的宏观分析。

1.2 研究现状

1.2.1 群桩沉降计算方法的研究现状

群桩的受力和变形特性要求考虑桩—土—桩及桩—筏板之间的相互影响,国内外对群桩的工作性能进行了广泛的研究,从一般的弹性分析进入非线性分析,同时还有桩周土的固结效应、基础埋深的影响及上下部结构与地基土的相互作用等。影响群桩受力性能的因素很多,因此要寻求一种方法把这些因素都考虑进去是很困难的。目前,常用的群桩沉降计算方法有等代实体深基础法、沉降比法、分条叠加法、弹性理论法、荷载 - 沉降曲线法、边界元法等。

等代实体深基础法是所有群桩沉降计算方法中最简单的一种,它是将群桩基础看作一个实体,不考虑桩土间的相互作用。用布辛奈斯克(Boussinesq)解计算桩端平面下各点的附加应力,然后用单层压缩分层总和法计算桩端下地基土的沉降。计算桩端平面处的应力时可以考虑应力的扩散,也可以不考虑。刘金砺根据模型试验对等效作用面的位置和压缩层的厚度做了修正,减小了桩端平面下压缩层的厚度,使群桩基础沉降减小,更接近实际。董建国等在上述方法的基础上对上海规范做了改进,根据基础所受的附加荷载和基础外围抗力的大小而采取不同的计算方法。胡德贵等用剪切变形法计算桩身压缩，用等代实体深基础法计算桩端平面下的压缩量，假设筏板为刚性，计算时假设各桩的沉降相等且都等于筏板沉降，计算后乘以与桩有关的影响系数来反映对桩的影响。

沉降比法是根据单桩的沉降曲线来求群桩沉降的一种方法，沉降比 R_s 等于群桩的平均沉降和单桩在群桩各桩平均荷载下的沉降的比值。刘金砺对这种方法也做了修改，Poulos 建议对于 16 根以上的方形和矩形排列群桩，R_s 与桩数 n 的平方根应呈线性关系，所以可以外插求得桩数较多群桩的沉降比。

分条叠加法是将桩筏基础分解成若干桩—条基系统，依照弹性理论方法求解桩—条基系统，然后将桩—条基解相叠加来求得群桩的沉降量。这种方法不需要使用计算机，但此法仅限于求解沉降值，桩身和筏板的内力都无法得到，而且得到的沉降值与实测值相差较大。这种方法在实际中的应用较少。

沿桩身桩—土滑动的分析表明，对于长细比大于 20 的正常桩，在荷载达到破坏荷载的 50% ~70% 以前，其荷载—沉降曲线基本上是线性的，预估这些桩在工作荷载下的沉降时，用弹性分析就足够了。Poulos 描述了在这种情况下绘制荷载—沉降曲线的简化方法：利用弹性解，首先考虑黏土中桩的荷载—瞬时沉降曲线或砂土中桩的荷载—总沉降曲线，再考虑黏土中的固结沉降，但这种情况在桩数较少的情况下才成立。

有限元和边界元相耦合的方法是由 Hain 提出的。这种方法得到的结果和实测值比较接近。Hain 和 Lee 应用此方法，成功地预测了两个桩筏体系的荷载和沉降分布。刘前曦等应用此方法，在平面内划分筏板，土层内力采用 Geddes 弹性解和 Boussinesq 解，采用分层总和法，根据力的平衡和位移协调可以求解相应的位移和内力。刘金砺根据实验模型对这种方法做了修正，首先指出桩的变形范围比 Mindlin 理论解小，为$(4\sim10)D$，而不是 Mindlin 解的 $50D$。

有限元法是处理复杂结构最常用的方法，其在群桩基础沉降中也得到了广泛的应用，但是由于刚度矩阵过于庞大，计算起来很困难。宰金珉等还考虑了上部结构对基础刚度的贡献，借用结构分析中的子结构法，使计算中考虑的因素更加全面。

1.2.2 反分析理论的研究现状

反分析研究大多应用于岩土工程中，20 世纪 70 年代初，国外学者 Kavanagh 首先用有限元法成功地对线弹性问题的力学参数进行了反演，随后 Sakurai 将反分析技术实用化。Kirsten 提出了量测变形反分析法。Jurina 和 Cividini 先后将反分析技术推广到非均匀介质问题中，使其可应用于非均匀介质。Sakurai 对各向异性非均质和多介质岩体材料的力学参数进行了反演研究。Gioda 等则利用水室法测得的土体位移，求解 Mohr-Coulomb 型弹塑性的黏聚力和内摩擦角及初始应力。Asaoka 提出了反算软土地基固结系数的方法。1974 年,Iding 等将优化方法引入反分析问题中,提出了优化反分析方法。Cividini 等用优化反分析方法,对地基中软弱夹层的材料参数进行反演,并确定出软弱层位置。Gioda 等采用多种优化技术反求岩体的弹性力学参数,进一步发展了岩土工程领域的优化反演理论。

在国内,20 世纪 80 年代初,郭怀志等提出了确定岩体初始地应力场的回归分析法,后来又发展了采用位移量测值的位移回归分析法。杨林德、冯紫良等将地应力分为构造应力和自重应力,用有限元法计算自重应力场的围岩位移,进一步反算岩体的构造应力。杨志法等提出了一种新的位移反分析方法——图谱法,利用事先建立的图谱反演围岩地应力分量及弹性模量,并进一步发展了位移联图反演方法,随后又采用黄金分割法进行弹塑性参数的反演。近年来,不少学者对基坑开挖的反分析也进行了研究,杨敏等采用杆系有限元法对土体水平基床系数 m 进行了位移反分析,赵振寰采用单纯形法对土体弹性模量进行了反演,朱志伟采用复合形法对土体弹性模量进行了反演,朱合华采用 Sim-plex 法对土体弹性模量进行了基坑开挖动态反演。随着科学技术的进步,更多的研究将会深入到这一领域。

第2章　正分析和反分析的有限元模拟

2.1　有限元法基本原理

2.1.1　有限元法概述

有限元法(Finite Element Analysis, FEA)是随着电子计算机的发展而发展起来的一种很有效的数值计算方法。1960年,R. W. Clough在一篇论文中首次使用"有限元法"这个词。在国外,20世纪70年代初有限元法的基本理论已基本成熟,商业有限元分析软件开始陆续出现。使用有限元法求解有几个突出的优点:(1)可以求解非线性问题;(2)易于处理非均质材料、各向异性材料;(3)适用于各种复杂的边界条件。

ANSYS是由美国ANSYS公司开发的大型通用有限元分析软件。ANSYS公司自1970年成立以来,在其创始人John Swanson教授的领导下,不断吸取世界最先进的计算方法和技术,引领着世界有限元软件的发展。ANSYS以其先进、可靠、开放等特点,被全球工业界认可。ANSYS具有功能强大的结构分析(线性静力分析、非线性静力分析、线性动力分析、非线性动力分析)能力,能很好地将前处理模块(Preprocessor)、计算模块(Solution)和后处理模块(Postprocessor)三大模块集成在一起,具有直观性和便捷性,大大提高了其分析问题和解决问题的效率。

2.1.2　有限元分析基本步骤

本书采用的是位移有限元法,基本步骤如下。

1. 离散和选择单元类型

结构的离散化是将被分析的结构用选定的单元划分为有限单元体,把单元的一些指定点作为单元的节点,以单元的集合来代替原结构。具体工作:将结构用选定单元进行离散;建立坐标系;对单元和节点进行合理编号。

2. 选择位移函数

位移函数的确定是有限元法分析的关键。在对单元进行特性分析时,必须对单元中的位移分布做合理假设,常将单元中任一点的位移用节点位移与坐标函数来表示,该坐标函数称为位移函数,位移函数常采用多项式形式。

主要工作是建立矩阵方程：

$$\boldsymbol{u}_{\mathrm{e}}=\boldsymbol{N}\boldsymbol{\delta}_{\mathrm{e}} \tag{2-1}$$

式中 $\boldsymbol{u}_{\mathrm{e}}$——单元中任一点的位移列阵；

$\boldsymbol{N}$——形函数矩阵；

$\boldsymbol{\delta}_{\mathrm{e}}$——单元的节点位移列阵。

3. 定义应变位移和应力应变关系，推导单元刚度矩阵

(1)利用几何方程将单元中任一点的应变用待定的节点位移来表示，即建立如下矩阵方程：

$$\boldsymbol{\varepsilon}=L\boldsymbol{u}_{\mathrm{e}}=L\boldsymbol{N}\boldsymbol{\delta}_{\mathrm{e}}=\boldsymbol{B}\boldsymbol{\delta}_{\mathrm{e}} \tag{2-2}$$

式中 $\boldsymbol{\varepsilon}$——单元中任一点的应变列阵；

L——微分算子；

$\boldsymbol{B}$——形变矩阵。

(2)利用物理方程将单元中任一点的应力用特定的节点位移来表示，即建立如下矩阵方程：

$$\boldsymbol{\sigma}=\boldsymbol{D}\boldsymbol{\varepsilon}=\boldsymbol{D}\boldsymbol{B}\boldsymbol{\delta}_{\mathrm{e}}=\boldsymbol{S}\boldsymbol{\delta}_{\mathrm{e}} \tag{2-3}$$

式中 $\boldsymbol{\sigma}$——单元中任一点的应力列阵；

$\boldsymbol{D}$——与单元材料相关的弹性矩阵；

$\boldsymbol{S}$——应力矩阵。

(3)利用虚位移或最小势能原理或加权残余法建立单元刚度方程：

$$\boldsymbol{K}_{\mathrm{e}}\boldsymbol{\delta}_{\mathrm{e}}=\boldsymbol{V}_{\mathrm{e}}+\boldsymbol{P}_{\mathrm{eq}}^{\mathrm{e}} \tag{2-4}$$

式中 $\boldsymbol{K}_{\mathrm{e}}=\int_{V_{\mathrm{e}}}\boldsymbol{B}^{\mathrm{T}}\boldsymbol{D}\boldsymbol{B}\mathrm{d}V$——单元刚度矩阵；

$\boldsymbol{V}_{\mathrm{e}}$——单元节点力列阵；

$\boldsymbol{P}_{\mathrm{eq}}^{\mathrm{e}}$——单元等效荷载列阵，与作用于单元上的外荷载相关。

4. 组装单元方程得出总体方程并引进边界条件

对单元进行组装，建立结构的刚度方程：

$$\boldsymbol{K}\boldsymbol{\delta}=\boldsymbol{P} \tag{2-5}$$

式中 $\boldsymbol{K}$——整体刚度矩阵；

$\boldsymbol{\delta}$——整体位移列阵；

$\boldsymbol{P}$——综合等效节点荷载列阵。

5. 支承约束条件的引入

为了最后完成结构与地基支座拼装，引入支承约束条件，需将式(2-5)进行修改。为了清晰起见，将节点全部位移$\boldsymbol{\delta}$，按是否有约束重新分类，用$\boldsymbol{\delta}_{\mathrm{r}}$表示不受约束的自由节点位移，用$\boldsymbol{\delta}_{\mathrm{R}}$表示对应有约束的节点位移，即有

$$\boldsymbol{\delta}=\begin{bmatrix}\boldsymbol{\delta}_{\mathrm{r}}\\ \boldsymbol{\delta}_{\mathrm{R}}\end{bmatrix} \tag{2-6}$$

相应把节点力列阵也分为两块

$$\boldsymbol{P}=\begin{bmatrix}\boldsymbol{P}_{\mathrm{r}}\\ \boldsymbol{P}_{\mathrm{R}}\end{bmatrix} \tag{2-7}$$

其中,$\boldsymbol{P}_{\mathrm{r}}$ 是对应自由节点的那部分节点荷载列阵;$\boldsymbol{P}_{\mathrm{R}}$ 是对应有约束节点的节点力,$\boldsymbol{P}_{\mathrm{R}}$ 应该包含支座反力 $\boldsymbol{R}$ 与该处对应的综合节点荷载 $\boldsymbol{P}_{\mathrm{cr}}$,即

$$\boldsymbol{P}_{\mathrm{R}}=\boldsymbol{R}+\boldsymbol{P}_{\mathrm{cr}} \tag{2-8}$$

合并式(2-7)及式(2-8),即有

$$\boldsymbol{P}=\begin{bmatrix}\boldsymbol{P}_{\mathrm{r}}\\ \boldsymbol{R}+\boldsymbol{P}_{\mathrm{cr}}\end{bmatrix} \tag{2-9}$$

将式(2-5)按式(2-6)及式(2-9)分块,对应的 $\boldsymbol{K}$ 即可分为

$$\boldsymbol{K}=\begin{bmatrix}\boldsymbol{K}_{\mathrm{rr}} & \boldsymbol{K}_{\mathrm{rR}}\\ \boldsymbol{K}_{\mathrm{Rr}} & \boldsymbol{K}_{\mathrm{RR}}\end{bmatrix} \tag{2-10}$$

将式(2-6)、式(2-9)及式(2-10)代入式(2-5)中并展开,可得

$$\left.\begin{aligned}\boldsymbol{P}_{\mathrm{r}}&=\boldsymbol{K}_{\mathrm{rr}}\boldsymbol{\delta}_{\mathrm{r}}+\boldsymbol{K}_{\mathrm{rR}}\boldsymbol{\delta}_{\mathrm{R}}\\ \boldsymbol{R}+\boldsymbol{P}_{\mathrm{cr}}&=\boldsymbol{K}_{\mathrm{Rr}}\boldsymbol{\delta}_{\mathrm{r}}+\boldsymbol{K}_{\mathrm{RR}}\boldsymbol{\delta}_{\mathrm{R}}\end{aligned}\right\} \tag{2-11}$$

6. 节点位移、支座反力与杆件内力解答

讨论式(2-11),可以分别得到正分析和反分析两种情况。

(1)正分析时,结构无支座沉陷,仅承受荷载,即 $\boldsymbol{\delta}_{\mathrm{R}}=\boldsymbol{0}$,由式(2-11)得

$$\left.\begin{aligned}\boldsymbol{P}_{\mathrm{r}}&=\boldsymbol{K}_{\mathrm{rr}}\boldsymbol{\delta}_{\mathrm{r}}\\ \boldsymbol{R}&=-\boldsymbol{P}_{\mathrm{cr}}+\boldsymbol{K}_{\mathrm{Rr}}\boldsymbol{\delta}_{\mathrm{r}}\end{aligned}\right\} \tag{2-12}$$

其中,$\boldsymbol{K}_{\mathrm{rr}}$是经过修改后的缩减的总刚度矩阵,是非奇异矩阵,称为最终的结构刚度矩阵,从而可以解出自由节点位移

$$\boldsymbol{\delta}_{\mathrm{r}}=\boldsymbol{K}_{\mathrm{rr}}^{-1}\boldsymbol{P}_{\mathrm{r}} \tag{2-13}$$

(2)反分析时,结构仅发生支座位移 $\boldsymbol{U}_{\mathrm{R}}$,而无荷载作用,此时 $\boldsymbol{P}_{\mathrm{r}}=0$,$\boldsymbol{P}_{\mathrm{cr}}=0$,由式(2-11)得

$$\left.\begin{aligned}0&=\boldsymbol{K}_{\mathrm{rr}}\boldsymbol{\delta}_{\mathrm{r}}+\boldsymbol{K}_{\mathrm{rR}}\boldsymbol{\delta}_{\mathrm{R}}\\ \boldsymbol{R}&=\boldsymbol{K}_{\mathrm{Rr}}\boldsymbol{\delta}_{\mathrm{r}}+\boldsymbol{K}_{\mathrm{RR}}\boldsymbol{\delta}_{\mathrm{R}}\end{aligned}\right\} \tag{2-14}$$

于是,可得

$$\boldsymbol{\delta}_{\mathrm{r}}=-\boldsymbol{K}_{\mathrm{rr}}^{-1}\boldsymbol{K}_{\mathrm{rR}}\boldsymbol{U}_{\mathrm{R}} \tag{2-15}$$

有了全部节点位移以后,各单元的端部力可按下列公式求得。值得注意的是,端部力是用单元局部坐标系表示的,并考虑坐标系转换,有

$$S^{(i)}=\boldsymbol{K}^{(i)}\boldsymbol{\lambda}_{\mathrm{T}}^{(i)}\boldsymbol{\delta}^{(i)} \tag{2-16}$$

式中　$S^{(i)}$——第(i)号单元的固端力;

$\boldsymbol{\lambda}_{\mathrm{T}}^{(i)}$——第($i$)号单元的坐标转换矩阵;

$\boldsymbol{K}^{(i)}$——第(i)号单元的刚度矩阵。

7. 解释结果

最后的目标是解释和分析用于应力应变分析过程的结果。在进行设计和分析时，要确定结构中位移最大和应力最大的位置。

2.2 有限元分析中相关参数的确定

2.2.1 单元类型确定

为了较好地模拟建筑物构件，本书采用 BEAM4 单元模拟梁、柱和桩，SHELL63 单元模拟楼板和筏板基础，SOLID45 单元模拟地基土。

1. SHELL63 单元

SHELL63 单元适合模拟线性、弯曲及适当厚度的壳体结构。单元中每个节点都具有 6 个自由度：沿 x、y 和 z 方向的平动自由度以及绕 x、y 和 z 轴的转动自由度。对于平面外的运动，用张量组的混合内插法（a mixed interpolation of tensorial components）。单元具有塑性、蠕变、应力刚化、大变形和大应变等特性。SHELL63 单元的几何模型如图 2-1 所示。

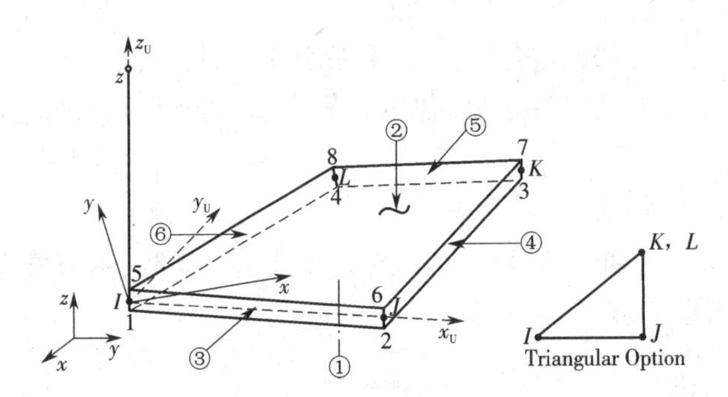

图 2-1　SHELL63 单元的几何模型图

x_U—没有定义单元坐标系时的 x 轴；

x—定义了单元坐标系时的 x 轴

2. BEAM4 单元

BEAM4 是 3-D 弹性梁单元，是具有拉、压、扭转和弯曲能力的单轴单元，每个节点有 6 个自由度，即节点沿 x、y、z 方向的位移自由度和绕 x、y、z 轴转动的旋转自由度，还包括应力刚化和大变形能力。在大变形分析中，可以使用连续的切向刚度矩阵选项。BEAM4 单元具有应力强化、大变形和单元生死的特性。BEAM4 单元的几何模型如图 2-2 所示。

3. SOLID45 单元

SOLID45 单元用于构造三维实体结构。单元通过 8 个节点来定义，每个节点有三个沿 x,y,z 方向平移的自由度。可用于模拟正交各向异性材料的固体结构，各向

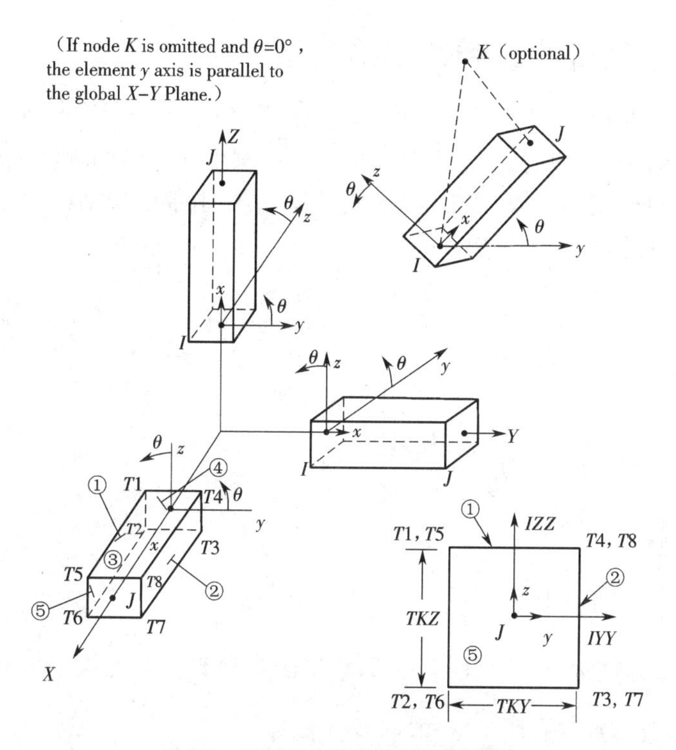

图 2-2 BEAM4 单元的几何模型图

异性材料方向对应于单元坐标系方向。SOLID45 单元具有塑性、蠕变、膨胀、应力强化、大变形和大应变能力。SOLID45 单元的几何模型如图 2-3 所示。

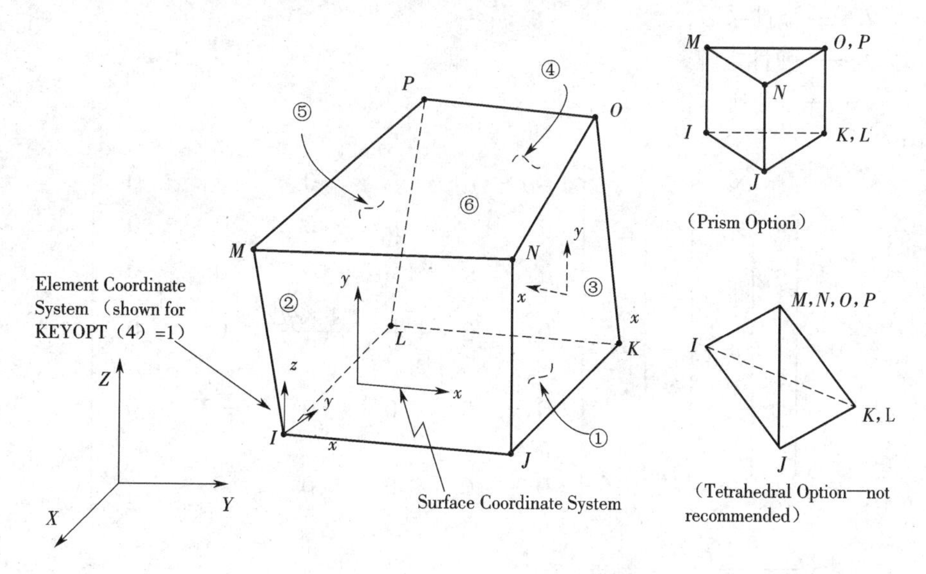

图 2-3 SOLID45 单元的几何模型图

2.2.2 上部结构的线弹性本构模型

在一些特定情况下，采用线弹性模型进行分析不失为一种简捷、有效的手段。例如：当土体进入塑性阶段时，由于上部结构构件的刚度比土体的刚度大得多，所以可以视为仍处在弹性变形阶段。基于这种假设，本书中上部框架结构构件采用各向同性线弹性本构关系，其应力－应变关系如下：

$$\begin{Bmatrix}\varepsilon_x\\ \varepsilon_y\\ \varepsilon_z\end{Bmatrix}=\begin{bmatrix}\frac{1}{E} & -\frac{\mu}{E} & -\frac{\mu}{E}\\ -\frac{\mu}{E} & \frac{1}{E} & -\frac{\mu}{E}\\ -\frac{\mu}{E} & -\frac{\mu}{E} & \frac{1}{E}\end{bmatrix}\begin{Bmatrix}\sigma_x\\ \sigma_y\\ \sigma_z\end{Bmatrix} \tag{2-17}$$

$$\begin{Bmatrix}\gamma_{xy}\\ \gamma_{yz}\\ \gamma_{zx}\end{Bmatrix}=\frac{1}{G}\begin{Bmatrix}\tau_{xy}\\ \tau_{yz}\\ \tau_{zx}\end{Bmatrix} \tag{2-18}$$

其中，只有三个弹性常数，即弹性模量 E，泊松比 μ 和剪切模量 G。而 $G=\frac{E}{2(1+\mu)}$，所以独立的弹性常数只有两个，一般取 E 和 μ。

对式(2-17)求逆，可得到刚度矩阵表示的应力－应变关系：

$$\boldsymbol{\sigma}=K\boldsymbol{D}\boldsymbol{\varepsilon} \tag{2-19}$$

式中 $\boldsymbol{\sigma}$——应力列阵；

K——弹性系数，

$\boldsymbol{D}$——弹性矩阵，

$\boldsymbol{\varepsilon}$——应变列阵。

其中

$$\boldsymbol{\sigma}=\begin{Bmatrix}\sigma_x\\ \sigma_y\\ \sigma_z\\ \tau_{xy}\\ \tau_{yz}\\ \tau_{zx}\end{Bmatrix};\boldsymbol{\varepsilon}=\begin{Bmatrix}\varepsilon_x\\ \varepsilon_y\\ \varepsilon_z\\ \gamma_{xy}\\ \gamma_{yz}\\ \gamma_{zx}\end{Bmatrix};\boldsymbol{D}=\begin{bmatrix}1-\mu & \mu & \mu & 0 & 0 & 0\\ \mu & 1-\mu & \mu & 0 & 0 & 0\\ \mu & \mu & 1-\mu & 0 & 0 & 0\\ 0 & 0 & 0 & \frac{1-2\mu}{2} & 0 & 0\\ 0 & 0 & 0 & 0 & \frac{1-2\mu}{2} & 0\\ 0 & 0 & 0 & 0 & 0 & \frac{1-2\mu}{2}\end{bmatrix}$$

$$K=\frac{E}{(1+\mu)(1-2\mu)} \tag{2-20}$$

由 K 与 E，μ 的关系表达式可知，对于线弹性材料，本构关系的确定仅需要确定其弹性矩阵中的弹性模量 E 和泊松比 μ，这样就可以应用有限元法来分析各种线弹性结构。

2.2.3　土体的弹塑性本构模型

在考虑上部结构、基础与地基共同作用的分析中，我们希望获得土体的弹塑性变形特性，因此采用基于弹塑性增量理论的本构模型。而基于 Drucker-Prager 屈服准则的弹塑性本构模型已应用于共同作用分析中，并取得了较好的效果，因此在本书中将采用此本构模型来模拟土体。

Drucker-Prager 屈服准则是对 Mohr-Coulomb 准则的近似，其采用广义的 Mises 屈服条件，表达式为

$$f=\sqrt{J_2}+\alpha I_1-K=0 \tag{2-21}$$

式中　I_1——应力张量第一不变量，即 $I_1=\sigma_x+\sigma_y+\sigma_z=3\sigma_m$；

J_2——应力偏量第二不变量，即 $J_2=-[(\sigma_x-\sigma_m)(\sigma_y-\sigma_m)+(\sigma_y-\sigma_m)(\sigma_z-\sigma_m)+(\sigma_z-\sigma_m)(\sigma_x-\sigma_m)]+(\tau_{xy}^2+\tau_{yz}^2+\tau_{zx}^2)$；

α, K——材料常数，表达式分别为

$$\alpha=\frac{2\sin\varphi}{\sqrt{3}(3-\sin\varphi)} \tag{2-22}$$

$$K=\frac{6C\cos\varphi}{\sqrt{3}(3-\sin\varphi)} \tag{2-23}$$

式中　φ——土体内摩擦角；

C——土体黏结力。

Drucker-Prager 模型为理想弹塑性模型，屈服面并不随材料的逐渐屈服而改变，因此没有硬化准则。在主应力空间中，Drucker-Prager 屈服准则是一个圆锥面，如图 2-4 所示。

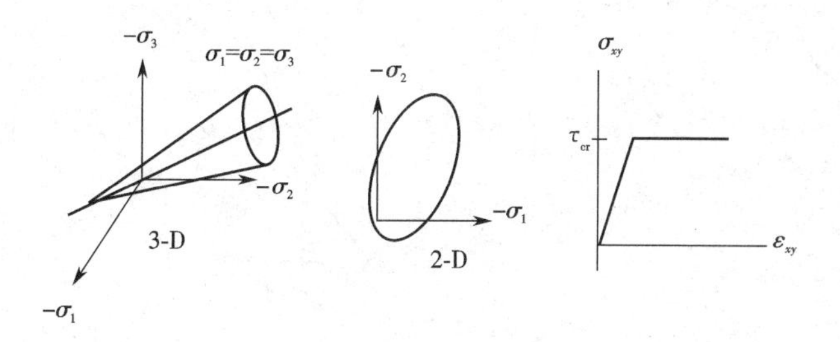

图 2-4　Drucker-Prager 屈服面及应力－应变关系

假定服从相关联的流动法则，塑性势面与屈服面重合，即 $g=\Phi=f$，再来推导相应的弹塑性矩阵。对于理想弹塑性模型无硬化法则，即硬化常数 $A=0$。则塑性矩阵

$\boldsymbol{D}_{\mathrm{p}}$可表示为

$$\boldsymbol{D}_{\mathrm{p}}=-\frac{\boldsymbol{D}_{\mathrm{e}}\frac{\partial \boldsymbol{g}}{\partial \boldsymbol{\sigma}}\left\{\frac{\partial \boldsymbol{\Phi}}{\partial \boldsymbol{\sigma}}\right\}^{\mathrm{T}}\boldsymbol{D}_{\mathrm{e}}}{\left\{\frac{\partial \boldsymbol{\Phi}}{\partial \boldsymbol{\sigma}}\right\}^{\mathrm{T}}\boldsymbol{D}_{\mathrm{e}}\left\{\frac{\partial \boldsymbol{g}}{\partial \boldsymbol{\sigma}}\right\}} \tag{2-24}$$

由 Drucker-Prager 材料屈服条件可知，在 ANSYS 中模拟 Drucker-Prager 材料时要输入弹性模量 E、泊松比 μ、密度 ρ、土体的黏聚力 C 和内摩擦角 φ，共 5 个参数。以上的 5 个参数已经通过地质勘探测得，下文的材料属性按地质勘测报告数据输入。

2.2.4　牛顿－拉普森方法

为了达到较好的分析效果，本书采用的非线性分析方法为牛顿－拉普森增量迭代法（简称 N-R 法）。

首先将荷载划分为系统的荷载步（图 2-5），在每个荷载步中采用牛顿－拉普森法迭代求解（图 2-6）。在荷载步中用牛顿－拉普森法迭代求解时，首先假定有一组接近解 $x^{(k)}$，求出曲线 $\phi(x^{(k)})$ 切线（即刚度矩阵的切线矩阵），其与 x 轴相交得到下一接近解 $x^{(k+1)}$，迭代公式为

$$\begin{aligned}x^{(k+1)}&=x^{(k)}-\frac{\phi(x^{(k)})}{\phi'(x^{(k)})}\\&=x^{(k)}-\left(\frac{\mathrm{d}\phi(x)}{\mathrm{d}x^{(k)}}\right)^{-1}\phi(x^{(k)})\\&=x^{(k)}-\left(\frac{\mathrm{d}K(x)}{\mathrm{d}x^{(k)}}\right)^{-1}\phi(x^{(k)})\end{aligned} \tag{2-25}$$

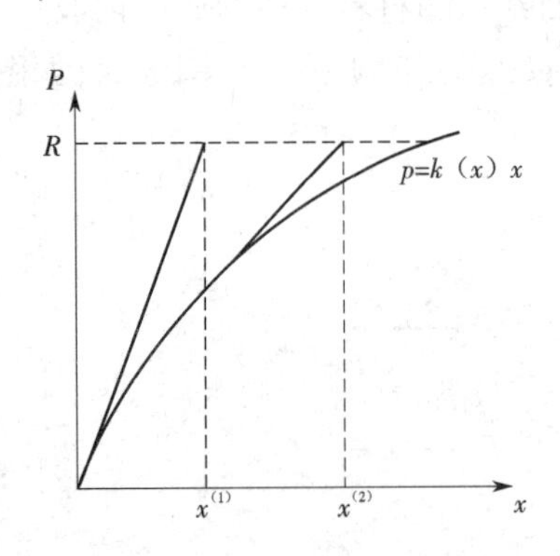

图 2-5　荷载步、子步、平衡迭代与时间的关系

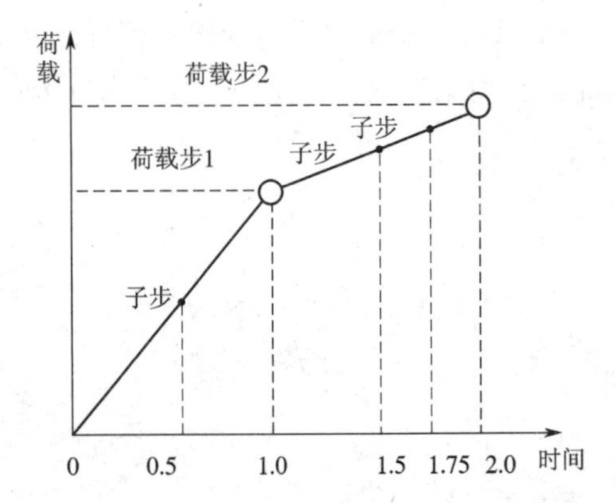

图 2-6　牛顿－拉普森法迭代求解

每次求解前，用 N-R 法估计出残差矢量，这个矢量是恢复力（对应于单元应力的荷载）和所加荷载的残差值，然后使用非平衡荷载进行线性求解，且核查收敛性。如

果不满足收敛准则,重新估算非平衡荷载,重新计算获得新解。持续这种迭代过程直到问题收敛。混合法求解示意图如图 2-7 所示。

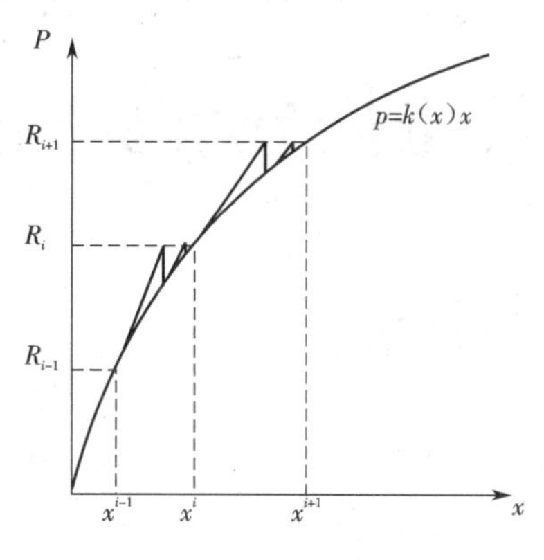

图 2-7　混合法求解示意图

2.2.5　桩土接触问题

本书的接触问题主要是桩与土体的接触问题,接触问题是一种高度非线性行为,需要较大的计算资源,为了进行有效的计算,理解问题的特性和建立合理的模型就很重要。

接触问题存在两个较大的难点:其一,在求解问题之前,不知道接触区域,表面之间是接触或分开是未知的、突然变化的,这由荷载、材料、边界条件和其他因素而定;其二,大多接触问题需要计算摩擦,有几种摩擦和模型供挑选,它们都是非线性的,摩擦使问题的收敛性变得困难。

地基与基础的接触问题是一个更复杂的问题。首先,地基土是由固、液、气三相组合而成的,土的本构关系有许多突出的特点,如非线性、弹塑性、剪胀性、压密性、蠕变性、各向异性,而且还会受应力水平、应力状态、应力路径和应力历史的影响,表现出极其复杂的关系。这些特点从根本上讲都与土体颗粒共同作用有关。与各种连续介质组成的材料不同,土的变形和强度都取决于颗粒间的相对位移,表现在土体宏观上是密度和结构的变化。其次,混凝土与土体这两种性能相差很大的物质的变形协调难以模拟,使得这些问题成为多年来都不能精确解决的难题。以往在分析基础与地基共同作用时,往往采用下面两种简化假定:(1)接触面十分光滑,不产生剪应力;(2)接触面十分粗糙,土体与结构之间无滑动可能。显然,这两种假定都是绝对理想化的,不符合实际情况。

本书计算时假定:桩侧完全粗糙,桩端平滑,桩与桩侧土之间通过共节点保持接触和位移一致,筏板与土之间不脱开,能够传递荷载。

第3章 正分析模型建立与不同长宽比建筑物的沉降数据分析及曲面方程确定

3.1 正分析模型的建立

3.1.1 模型的介绍

本章分析使用的模型上部结构为框架结构，主体结构10层，层高2.9 m，总高29 m，总长44.4 m，总宽12.3 m。基础为桩基础，地基为天津滨海新区典型地质情况的软土地基。梁、板、柱、基础均采用现浇钢筋混凝土，1～3层混凝土强度等级为C40，4～10层为C30。钢筋混凝土的密度统一为2 800 kg/m^3，弹性模量按混凝土的弹性模量取值，泊松比取为0.17，抗震设防烈度为7度，框架抗震等级为三级，框架柱轴压比为$\mu = N/(A_c f_c) \leq 0.95$（三级）。正分析整体模型计算简图如图3-1所示。

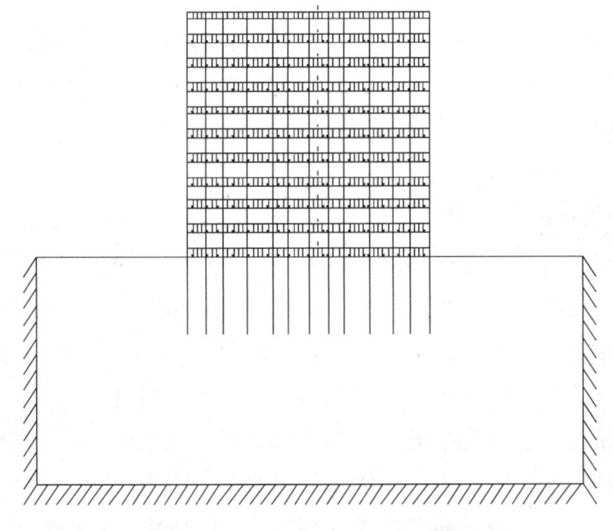

图3-1 正分析整体模型计算简图

1. 框架结构

选用框架结构作为上部结构。框架结构是指由梁和柱刚接或者铰接而构成承重体系的结构，即由梁和柱组成框架体系共同抵抗使用过程中出现的水平荷载和竖向荷载。

依据相关参考文献确定梁、柱的合理尺寸,其截面特性如表3-1所示。

表3-1 构件截面特性

构件及层号	截面尺寸(m)	混凝土强度等级	弹性模量 E_c(kN/m^2)	惯性矩 I_y(m^4)
柱(1~3)	0.65×0.65	C40	3.25×10^{10}	14.88×10^{-3}
柱(4~10)	0.55×0.55	C30	3.25×10^{10}	7.63×10^{-3}
梁(1~10)	0.3×0.6	C40	3.25×10^{10}	5.4×10^{-3}
楼板	0.12	C30	3.0×10^{10}	—

2. 桩基础

桩基础是由基桩和连接于桩顶的筏板共同组成的。由于桩基础具有良好的承载、减沉、调平(减少沉降差)功能,在高层建筑中应用广泛。

桩基在框架柱下相应位置设桩,基础共采用60根圆桩,桩的直径为0.6 m,长度为20 m,桩上采用0.9 m厚的筏板来支撑,筏板的平面尺寸为45.6 m×13.5 m。

3.1.2 正分析ANSYS有限元模型的建立

利用ANSYS有限元分析软件,将上部框架结构、桩基和软土地基作为一个整体建模进行正分析研究,分析考虑三者共同作用体系在竖向荷载作用下的地基不均匀沉降规律。

由于整个模型较为复杂,建模过程中做了相应的简化。建模时梁、柱、桩采用BEAM4单元,楼板和筏板采用SHELL63单元,地基土采用SOLID45单元。建模过程中,土体简化为3层,各土层参数来自地质报告。由于桩、土接触复杂,而且考虑接触时不易收敛,本书采用桩、土单元的节点耦合来代替。用ANSYS通用有限元软件分析时,在计算方法中选择全牛顿-拉普森选项。正分析有限元模型如图3-2所示。

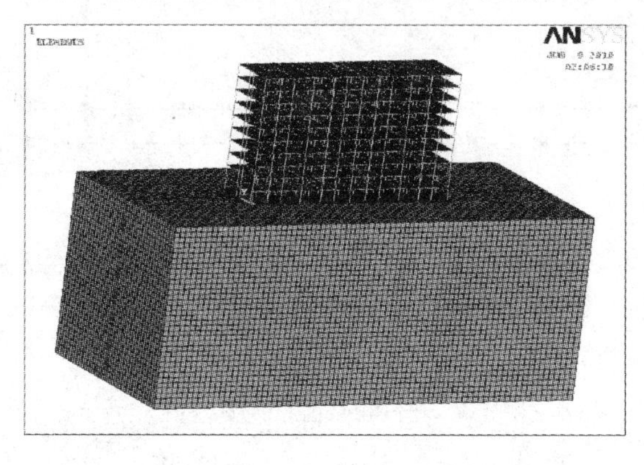

图3-2 正分析有限元模型

3.2 不同长宽比的建筑物的沉降数据分析及曲面方程确定

本节主要进行正分析研究，在竖向荷载作用下，分析考虑框架结构、桩基与软土地基共同作用的地基不均匀沉降规律。影响建筑物和周围地基不均匀沉降趋势的主要因素是建筑物的长宽比、桩长、筏板厚度等，本书通过对比建筑物的不同长宽比、桩长和筏板厚度，寻找各种情况下对应的建筑物和周围地基的不均匀沉降曲面方程的变化规律。抛物曲面方程对建筑物和周围地基的不均匀沉降趋势拟合精度较高，因此建筑物地基不均匀沉降趋势可以通过抛物曲面进行模拟。ANSYS 中考虑上部结构、基础和地基共同作用能够较真实地反映建筑物的实际沉降趋势。而抛物曲面方程二次项系数，分别代表抛物曲面在 x 向和 y 向的曲率情况，即代表了曲面的弯曲程度。本章重点分析沉降曲面方程二次项系数随建筑物不同长宽比、桩长和筏板厚度的变化规律，为后面地基不均匀沉降对上部结构影响的反分析研究做准备。

3.2.1 建筑物长宽比为 3 ~ 4 的沉降数据分析及曲面方程确定

现有天津市塘沽地区怡欣园 2 号楼的实际沉降数据和测点布置，以这一实际工程为例详细分析抛物曲面方程二次项系数 a_4、a_5 随建筑物不同长宽比、桩长和筏板厚度的变化规律。建筑物为 10 层框架结构，采用桩基础，地基为天津典型软土地基，建筑物长为 44.4 m，宽为 12.3 m，长宽比为 3.61。平面布置和 xOy 坐标如图 3-3 所示。

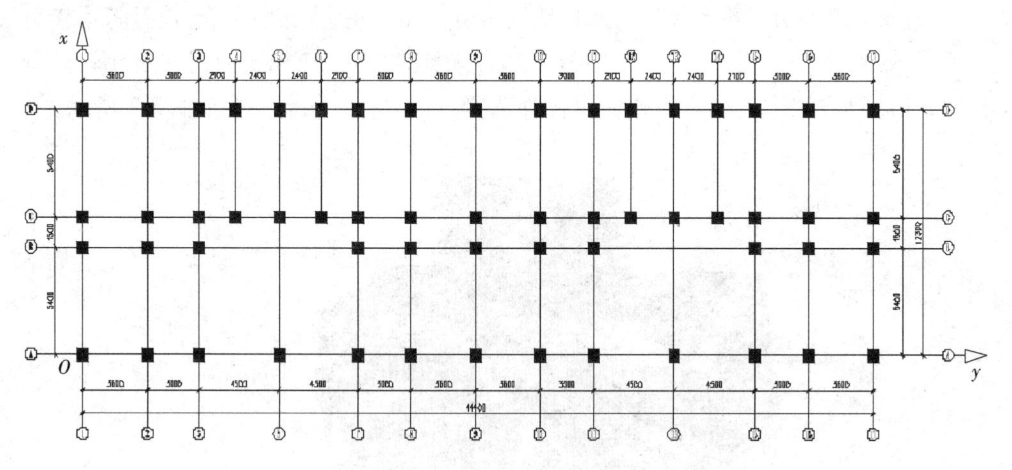

图 3-3 建筑物平面布置图

3.2.1.1　建筑物底面沉降数据分析及曲面方程确定

1. 改变桩长的建筑物底面沉降曲线及曲面方程拟合和分析

分析上部结构—基础—地基共同作用体系在竖向荷载作用下，上部结构、筏板厚度和地基不变，对比桩长分别为 12 m、18 m、24 m 和 30 m 条件下建筑物底面产生的不均匀沉降位移数据，并拟合相关曲线和曲面方程，探求方程二次项系数随桩长的变化规律。

1)改变桩长的建筑物底面沉降曲线方程拟合和分析

以建筑物底面轴线⑨上的节点沉降位移值为例进行分析及曲线拟合，整个图形呈抛物线形。随着桩长的增大，抛物线整体向上平移，即建筑物底面的沉降整体减少，但沉降趋势几乎不变，如图 3-4 所示。

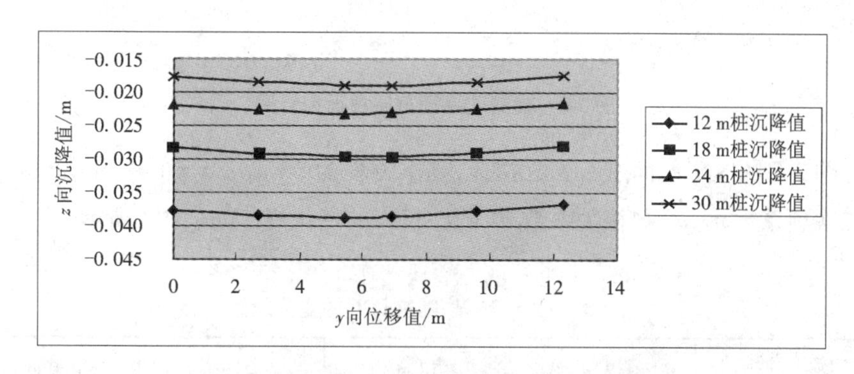

图 3-4　轴线⑨上的节点沉降值随桩长的变化图

对图 3-4 的抛物线进行方程拟合，基本方程为 $z = Ax^2 + Bx + C$，方程二次项系数 A 和相关系数 R^2 随桩长 L 的变化规律如表 3-2 所示。

表 3-2　A 和 R^2 随桩长 L 的变化规律

系数 \ 桩长 L	12 m	18 m	24 m	30 m
A	4×10^{-5}	4×10^{-5}	4×10^{-5}	4×10^{-5}
R^2	0.996	0.994	0.995	0.995

分析表 3-2 中抛物线方程二次项系数 A 随桩长 L 的变化规律，得出如下结论：轴线⑨上抛物线方程二次项系数 A 随着桩长增大而不变，由于系数 A 反映抛物线曲率和建筑物沉降差情况，因此得出结论，桩长的变化不会改变抛物线曲率和建筑物沉降差。

2)改变桩长的建筑物底面沉降曲面方程拟合和分析

对建筑物底面节点沉降位移值进行分析及曲面拟合,整个建筑物底面的不均匀沉降趋势呈抛物曲面,中间大边缘小,如图 3-5 所示。

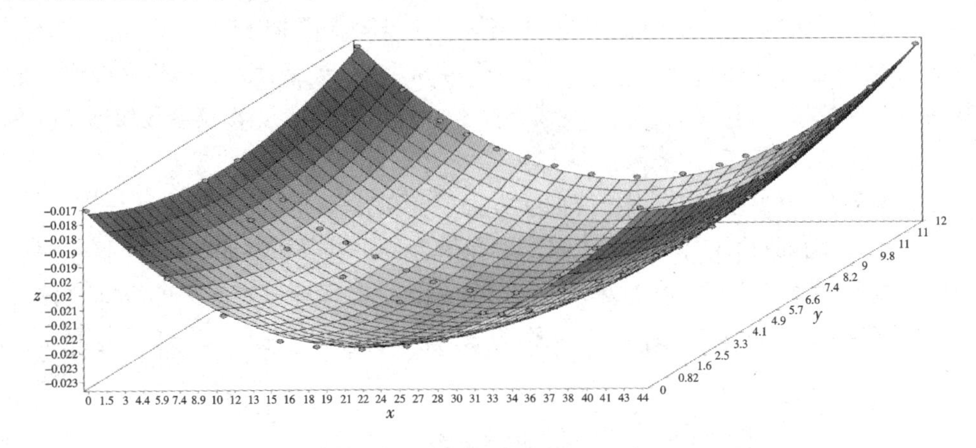

图 3-5 建筑物底面沉降曲面拟合图

对图 3-5 的沉降曲面进行方程拟合,基本方程为 $z = a_1 + a_2x + a_3y + a_4x^2 + a_5y^2$,方程二次项系数 a_4、a_5 和相关系数 R^2 随桩长 L 的变化规律如表 3-3 所示。

表 3-3 a_4、a_5 和 R^2 随桩长 L 的变化规律

系数 \ 桩长 L	12 m	18 m	24 m	30 m
a_4	0.904×10^{-5}	1.031×10^{-5}	0.958×10^{-5}	0.949×10^{-5}
a_5	3.543×10^{-5}	3.856×10^{-5}	3.632×10^{-5}	3.351×10^{-5}
R^2	0.995	0.997	0.998	0.998

分析表 3-3 中抛物曲面方程二次项系数 a_4、a_5 随桩长 L 的变化规律,得出如下结论:方程二次项系数 a_4、a_5 随着桩长增大几乎不变,由于系数 a_4、a_5 反映抛物曲面曲率和建筑物沉降差情况,因此得出结论,桩长的变化不会改变抛物曲面曲率和建筑物沉降差。为节省篇幅,后面不再分析其他长宽比的建筑物沉降曲面方程二次项系数 a_4、a_5 随桩长的变化规律。

2. 改变筏板厚度的建筑物底面沉降曲线和曲面方程拟合和分析

分析上部结构—基础—地基共同作用体系在竖向荷载作用下,上部结构、桩长和地基不变,对比筏板厚度分别为 0.6 m、0.9 m、1.2 m、1.5 m 条件下建筑物底面产生的不均匀沉降位移数据,并拟合相关曲线和曲面方程,探求方程二次项系数随筏板厚度的变化规律。

1)改变筏板厚度的建筑物底面沉降曲线方程拟合和分析

以建筑物底面轴线⑨上的节点沉降位移值为例进行分析及曲线拟合,整个图形呈抛物线形。随着筏板厚度的增大,抛物线越来越平缓,即建筑物的沉降差随着筏板厚度的增大而减小,如图3-6所示。

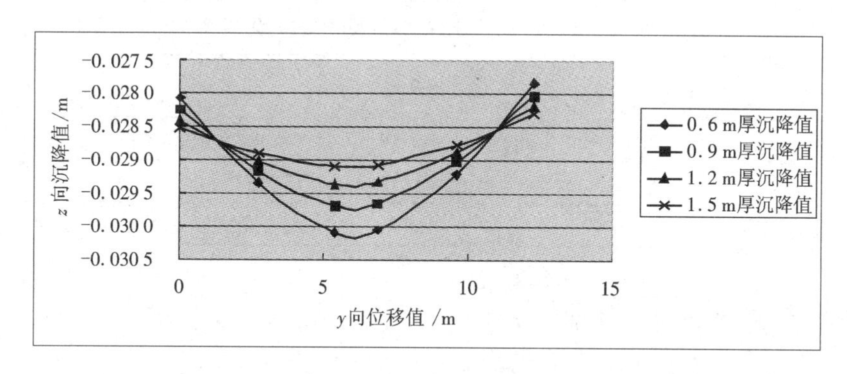

图3-6 轴线⑨上的节点沉降值随筏板厚度的变化图

对图3-6的沉降抛物线进行方程拟合,基本方程为 $z = Ax^2 + Bx + C$,方程二次项系数 A 和相关系数 R^2 随筏板厚度 H 的变化规律如表3-4所示。

表3-4 A 和 R^2 随筏板厚度 H 的变化规律

筏板厚度 H / 系数	0.6 m	0.9 m	1.2 m	1.5 m
A	6×10^{-5}	4×10^{-5}	3×10^{-5}	2×10^{-5}
R^2	0.996	0.994	0.995	0.995

分析表3-4中方程二次项系数 A 随筏板厚度 H 的变化规律,得出如下结论:二次项系数 A 随着筏板厚度 H 增大逐渐减小,且与筏板厚度 H 呈线性关系,线性方程为 $A = -5\times10^{-5}H + 9\times10^{-5}$,系数 A 与筏板厚度 H 的关系如图3-7所示。

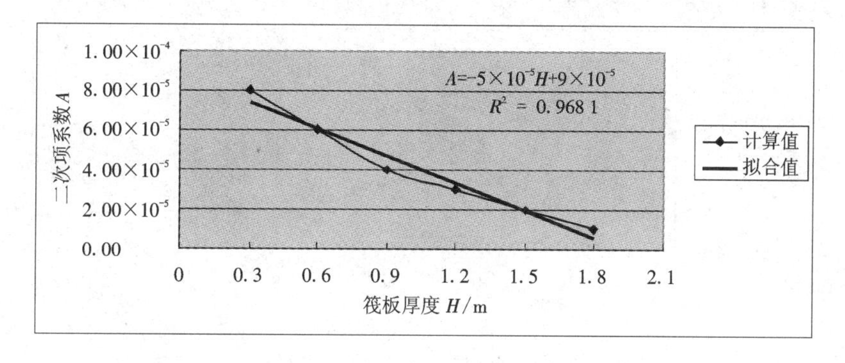

图3-7 抛物线方程系数 A 与筏板厚度 H 的关系图

2)改变筏板厚度的建筑物底面沉降曲面方程拟合和分析

对建筑物不均匀沉降进行曲面拟合,方程为 $z = a_1 + a_2x + a_3y + a_4x^2 + a_5y^2$,方程二次项系数 a_4、a_5 和相关系数 R^2 随筏板厚度 H 的变化规律如表 3-5 所示。

表 3-5 a_4、a_5 和 R^2 随筏板厚度 H 的变化规律

系数 \ 筏板厚度 H	0.6 m	0.9 m	1.2 m	1.5 m
a_4	1.075×10^{-5}	1.031×10^{-5}	0.993×10^{-5}	0.968×10^{-5}
a_5	5.261×10^{-5}	3.856×10^{-5}	2.672×10^{-5}	1.799×10^{-5}
R^2	0.996	0.997	0.998	0.998

分析表 3-5 中抛物曲面方程二次项系数 a_4、a_5 随筏板厚度 H 的变化规律,得出如下结论:

(1)方程系数 a_4 随着筏板厚度 H 增大逐渐减小,且与筏板厚度 H 呈线性关系,线性方程为 $a_4 = -1 \times 10^{-6}H + 1 \times 10^{-5}$,系数 a_4 与筏板厚度 H 的关系如图 3-8 所示;

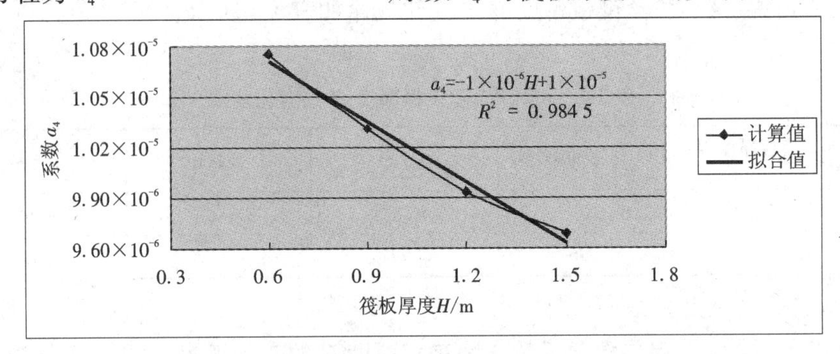

图 3-8 曲面方程系数 a_4 与筏板厚度 H 的关系图

(2)方程系数 a_5 随着筏板厚度 H 增大逐渐减小,且与筏板厚度 H 呈线性关系,线性方程为 $a_5 = -4 \times 10^{-5}H + 7 \times 10^{-5}$,系数 a_5 与筏板厚度 H 的关系如图 3-9 所示。

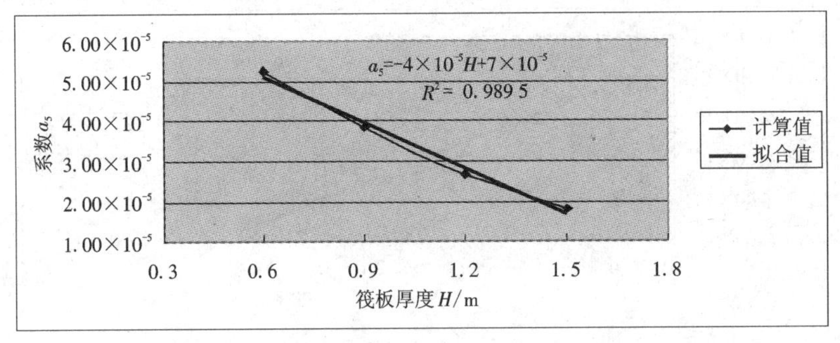

图 3-9 曲面方程系数 a_5 与筏板厚度 H 的关系图

3.2.1.2　建筑物短跨边周围地基沉降数据分析及曲面方程确定

1. 改变桩长的建筑物短跨边周围地基沉降曲面方程拟合和分析

由于土体的摩擦性和黏聚性，使得建筑物周围地基土与建筑物底面地基土的沉降成为一个连续的整体，建筑物周围的地基土也会产生不均匀沉降。本节重点分析上部结构—基础—地基共同作用体系在竖向荷载作用下，上部结构、筏板厚度和地基不变，对比桩长分别为 12 m、18 m、24 m 和 30 m 条件下建筑物短跨边周围地基产生的不均匀沉降位移数据，并拟合相关曲面方程，探求方程二次项系数随桩长的变化规律。

整个建筑物短跨边周围地基的不均匀沉降曲面呈“马鞍”状，靠近建筑物外边缘的地基土沉降量大，由建筑物向外延伸逐渐减小，如图 3-10 所示。

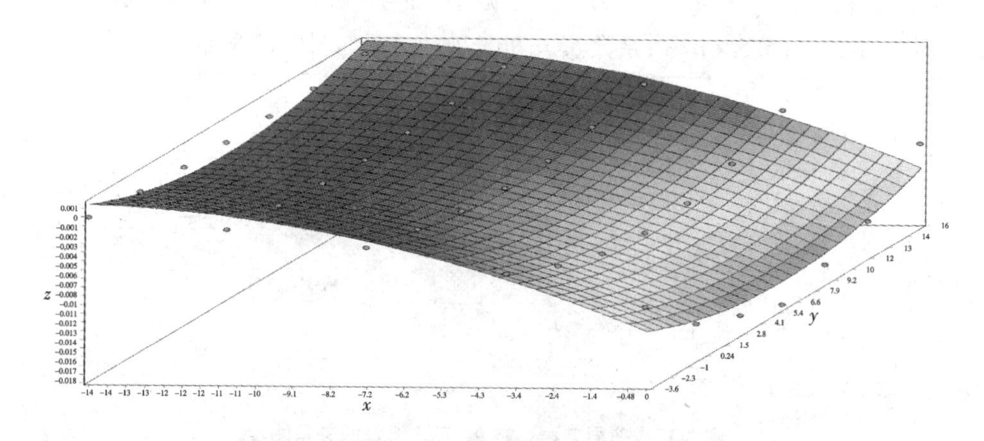

图 3-10　建筑物短跨边周围地基沉降曲面拟合图

对图 3-10 的沉降曲面进行方程拟合，曲面方程为 $z = b_1 + b_2x + b_3y + b_4x^2 + b_5y^2$，方程二次项系数 b_4、b_5 和相关系数 R^2 随桩长 L 的变化规律如表 3-6 所示。

表 3-6　b_4、b_5 和 R^2 随桩长 L 的变化规律

桩长 L / 系数	12 m	18 m	24 m	30 m
b_4	-8.398×10^{-5}	-5.712×10^{-5}	-3.873×10^{-5}	-2.861×10^{-5}
b_5	4.853×10^{-5}	3.866×10^{-5}	2.822×10^{-5}	2.221×10^{-5}
R^2	0.939	0.958	0.964	0.965

分析表 3-6 中抛物曲面方程二次项系数 b_4、b_5 随桩长 L 的变化规律，得出如下结论：

(1)方程系数 b_4 随着桩长 L 增大逐渐增大，且与桩长 L 呈线性关系，线性方程为 $b_4 = 3\times10^{-6}L - 0.000\ 11$，系数 b_4 与桩长 L 的关系如图 3-11 所示；

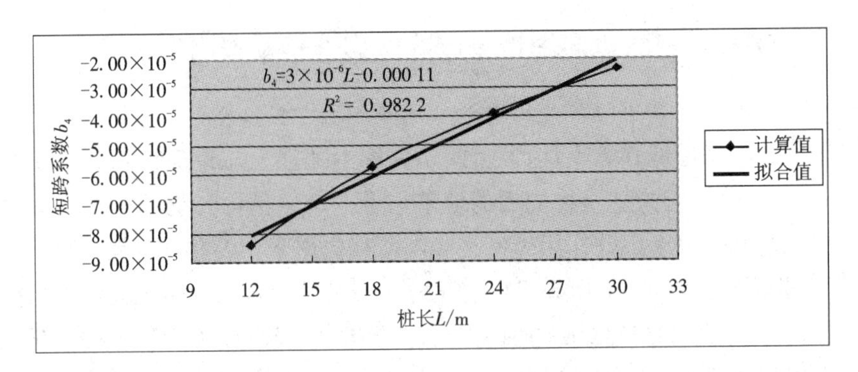

图 3-11 曲面方程系数 b_4 与桩长 L 的关系图

(2)方程系数 b_5 随着桩长 L 增大逐渐减小,且与桩长 L 呈线性关系,线性方程为 $b_5=-1\times10^{-6}L+5.5\times10^{-5}$,系数 b_5 与桩长 L 的关系如图 3-12 所示。

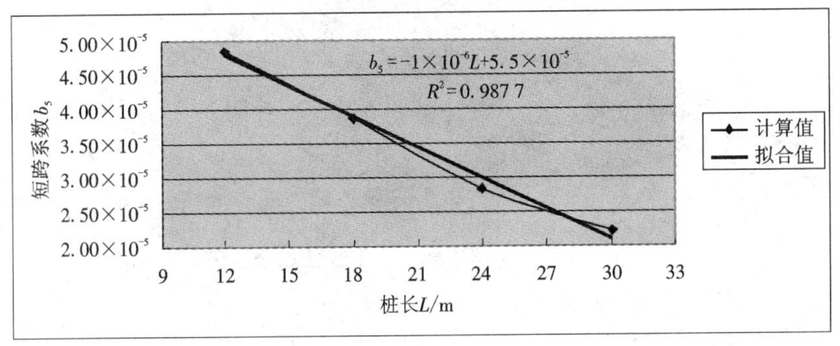

图 3-12 曲面方程系数 b_5 与桩长 L 的关系图

2. 改变筏板厚度的建筑物短跨边周围地基沉降曲面方程拟合和分析

分析上部结构—基础—地基共同作用体系在竖向荷载作用下,上部结构、桩长和地基不变,对比筏板厚度分别为 0.6 m、0.9 m、1.2 m、1.5 m 条件下建筑物短跨边周围地基产生的不均匀沉降位移数据,并拟合相关曲面方程,探求方程二次项系数随筏板厚度的变化规律。

对短跨边周围地基沉降进行拟合,曲面方程为 $z=b_1+b_2x+b_3y+b_4x^2+b_5y^2$,方程二次项系数 b_4、b_5 和相关系数 R^2 随筏板厚度 H 的变化规律如表 3-7 所示。

表 3-7 b_4、b_5 和 R^2 随筏板厚度 H 的变化规律

系数 \ 筏板厚度 H	0.6 m	0.9 m	1.2 m	1.5 m
b_4	-5.768×10^{-5}	-5.712×10^{-5}	-5.793×10^{-5}	-5.811×10^{-5}
b_5	3.843×10^{-5}	3.876×10^{-5}	3.802×10^{-5}	3.781×10^{-5}
R^2	0.955	0.958	0.957	0.958

分析表 3-7 中抛物曲面方程二次项系数 b_4、b_5 随筏板厚度 H 的变化规律，得出如下结论：方程二次项系数 b_4、b_5 随着筏板厚度 H 增大几乎不变，即增加筏板厚度对建筑物短跨边周围地基沉降趋势影响很小，为节省篇幅，后面不再分析短跨边周围地基沉降随筏板厚度的变化规律。

3.2.1.3　建筑物长跨边周围地基沉降数据分析及曲面方程确定

1. 改变桩长的建筑物长跨边周围地基沉降曲面方程拟合和分析

分析上部结构—基础—地基共同作用体系在竖向荷载作用下，上部结构、筏板厚度和地基不变，对比桩长分别为 12 m、18 m、24 m 和 30 m 条件下建筑物长跨边周围地基产生的不均匀沉降位移数据，并拟合相关曲面方程，探求方程二次项系数随桩长的变化规律。

整个建筑物长跨边周围地基的不均匀沉降曲面呈“马鞍”状，靠近建筑物外边缘的地基土沉降量大，由建筑物向外延伸逐渐减小，如图 3-13 所示。

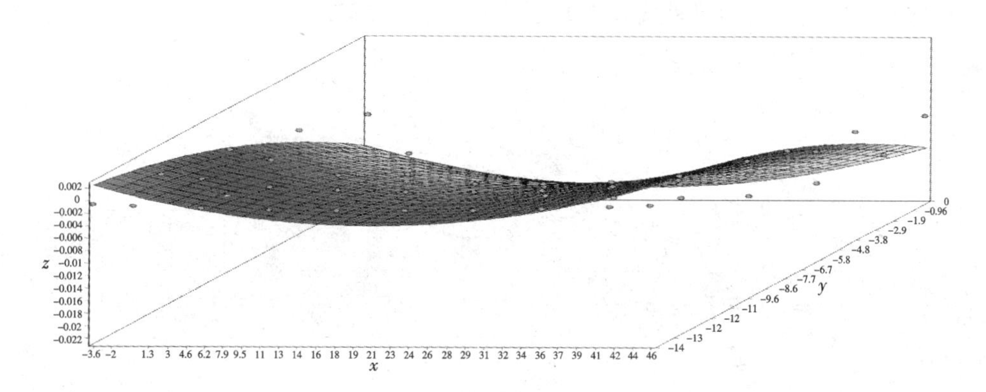

图 3-13　建筑物长跨边周围地基沉降曲面拟合图

对图 3-13 的沉降曲面进行方程拟合，曲面方程为 $z = b_1 + b_2x + b_3y + b_4x^2 + b_5y^2$，方程二次项系数 b_4、b_5 和相关系数 R^2 随桩长 L 的变化规律如表 3-8 所示。

表 3-8　b_4、b_5 和 R^2 随桩长的变化规律

系数＼桩长 L	12 m	18 m	24 m	30 m
b_4	1.228×10^{-5}	1.072×10^{-5}	0.784×10^{-5}	0.539×10^{-5}
b_5	-8.743×10^{-5}	-5.556×10^{-5}	-3.632×10^{-5}	-2.531×10^{-5}
R^2	0.933	0.935	0.946	0.947

分析表 3-8 中抛物曲面方程二次项系数 b_4、b_5 随桩长 L 的变化规律，得出如下结

论：

(1)方程系数 b_4 随着桩长 L 增大逐渐减小，且与桩长 L 呈线性关系，线性方程为 $b_4 = -4\times10^{-7}L + 1.8\times10^{-5}$，系数 b_4 与桩长 L 的关系如图 3-14 所示；

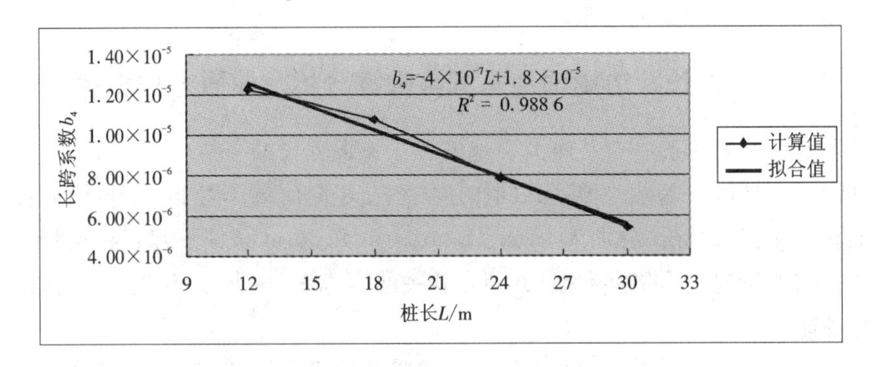

图 3-14　曲面方程系数 b_4 与桩长 L 的关系图

(2)方程系数 b_5 随着桩长 L 增大逐渐增大，且与桩长 L 呈线性关系，线性方程为 $b_5 = 3\times10^{-6}L - 0.000\,11$，系数 b_5 与桩长 L 的关系如图 3-15 所示。

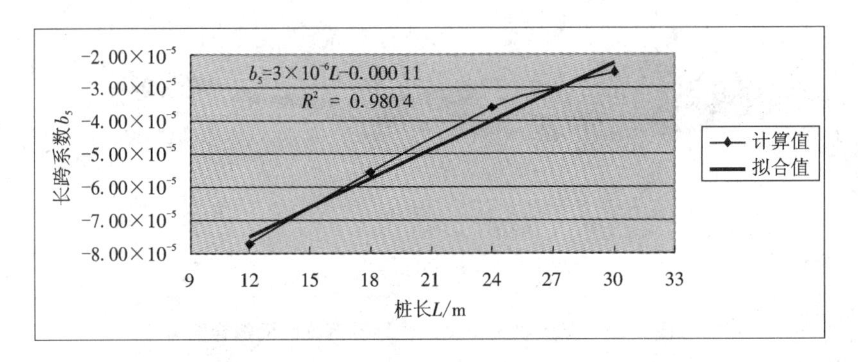

图 3-15　曲面方程系数 b_5 与桩长 L 的关系图

2. 改变筏板厚度的建筑物长跨边周围地基沉降曲面方程拟合和分析

分析上部结构—基础—地基共同作用体系在竖向荷载作用下，上部结构、桩长和地基不变，对比筏板厚度分别为 0.6 m、0.9 m、1.2 m、1.5 m 条件下建筑物长跨边周围地基产生的不均匀沉降位移数据，并拟合相关曲面方程，探求方程二次项系数的变化规律。

对长跨边周围地基沉降进行拟合，曲面方程为 $z = b_1 + b_2x + b_3y + b_4x^2 + b_5y^2$，方程二次项系数 b_4、b_5 和相关系数 R^2 随筏板厚度 H 的变化规律如表 3-9 所示。

表 3-9　b_4、b_5 和 R^2 随筏板厚度 H 的变化规律

系数 \ 筏板厚度 H	0.6 m	0.9 m	1.2 m	1.5 m
b_4	1.048×10^{-5}	1.072×10^{-5}	1.044×10^{-5}	1.039×10^{-5}
b_5	-5.603×10^{-5}	-5.556×10^{-5}	-5.742×10^{-5}	-5.731×10^{-5}
R^2	0.938	0.935	0.939	0.940

分析表 3-9 中抛物曲面方程二次项系数 b_4、b_5 随筏板厚度 H 的变化规律，得出如下结论：方程二次项系数 b_4、b_5 随着筏板厚度 H 增大几乎不变，即增加筏板厚度对建筑物长跨边周围地基土沉降趋势影响很小，为节省篇幅，后面不再分析长跨边周围地基沉降随筏板厚度的变化规律。

3.2.2　建筑物长宽比为 1~2 的沉降数据分析及曲面方程确定

3.2.2.1　建筑物底面沉降数据分析及曲面方程确定

分析上部结构—基础—地基共同作用体系在竖向荷载作用下，上部结构、桩长和地基不变，对比筏板厚度分别为 0.6 m、0.9 m、1.2 m、1.5 m 条件下建筑物底面产生的不均匀沉降数据，并拟合相关曲面方程，探求方程二次项系数随筏板厚度的变化规律。对建筑物底面不均匀沉降进行曲面拟合，如图 3-16 所示。

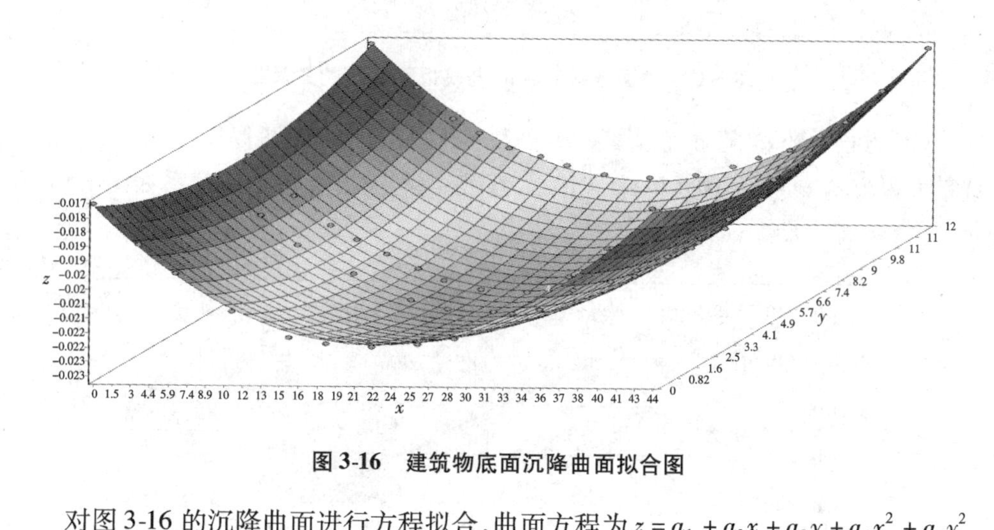

图 3-16　建筑物底面沉降曲面拟合图

对图 3-16 的沉降曲面进行方程拟合，曲面方程为 $z = a_1 + a_2x + a_3y + a_4x^2 + a_5y^2$，方程二次项系数 a_4、a_5 和相关系数 R^2 随筏板厚度 H 的变化规律如表 3-10 所示。

表 3-10 a_4、a_5 和 R^2 随筏板厚度 H 的变化规律

系数 \ 筏板厚度 H	0.6 m	0.9 m	1.2 m	1.5 m
a_4	2.163×10^{-5}	1.640×10^{-5}	1.267×10^{-5}	0.988×10^{-5}
a_5	4.596×10^{-5}	3.419×10^{-5}	2.376×10^{-5}	1.648×10^{-5}
R^2	0.995	0.990	0.992	0.990

分析表 3-10 抛物曲面方程二次项系数 a_4、a_5 随筏板厚度 H 的变化规律，得出如下结论：

（1）方程系数 a_4 随着筏板厚度 H 增大逐渐减小，且与筏板厚度 H 呈线性关系，线性方程为 $a_4=-1\times10^{-5}H+3\times10^{-5}$，系数 a_4 与筏板厚度 H 的关系如图 3-17 所示；

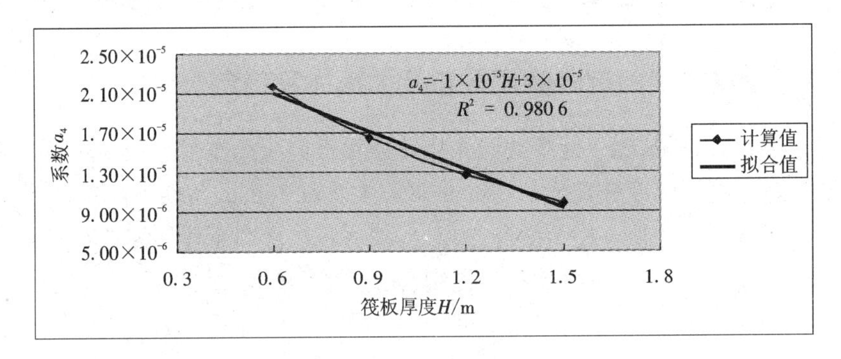

图 3-17 曲面方程系数 a_4 与筏板厚度 H 的关系图

（2）方程系数 a_5 随着筏板厚度 H 增大逐渐减小，且与筏板厚度 H 呈线性关系，线性方程为 $a_5=-3\times10^{-5}H+6\times10^{-5}$，系数 a_5 与筏板厚度 H 的关系如图 3-18 所示。

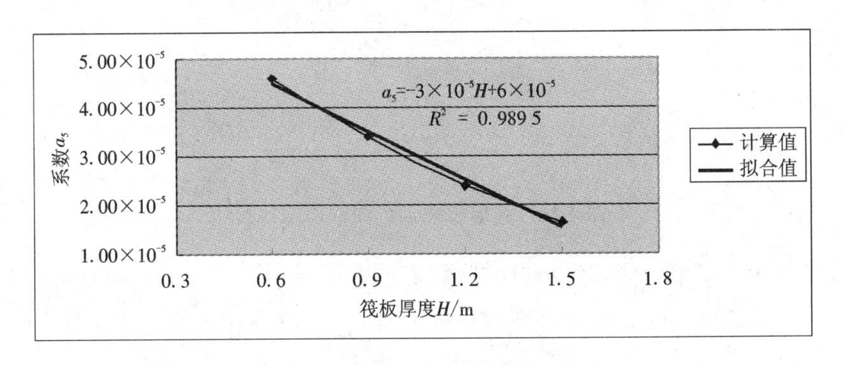

图 3-18 曲面方程系数 a_5 与筏板厚度 H 的关系图

3.2.2.2　建筑物短跨边周围地基沉降数据分析及曲面方程确定

分析上部结构—基础—地基共同作用体系在竖向荷载作用下，上部结构、筏板厚度和地基不变，对比桩长分别为 12 m、18 m、24 m 和 30 m 条件下建筑物短跨边周围地基产生的不均匀沉降位移数据，并拟合相关曲面方程，探求方程二次项系数随桩长的变化规律。对建筑物短跨边周围地基不均匀沉降进行曲面拟合，如图 3-19 所示。

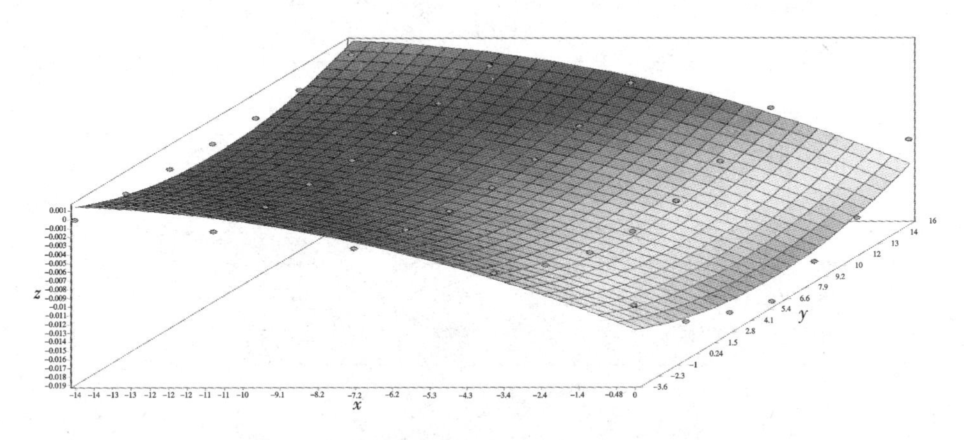

图 3-19　建筑物短跨边周围地基沉降曲面拟合图

对图 3-19 的沉降曲面进行方程拟合，曲面方程为 $z=b_1+b_2x+b_3y+b_4x^2+b_5y^2$，方程二次项系数 b_4、b_5 和相关系数 R^2 随桩长 L 的变化规律如表 3-11 所示。

表 3-11　b_4、b_5 和 R^2 随桩长 L 的变化规律

桩长 L / 系数	12 m	18 m	24 m	30 m
b_4	-6.418×10^{-5}	-4.212×10^{-5}	-2.873×10^{-5}	-1.701×10^{-5}
b_5	4.133×10^{-5}	3.152×10^{-5}	2.402×10^{-5}	1.951×10^{-5}
R^2	0.941	0.958	0.962	0.962

分析表 3-11 中抛物曲面方程二次项系数 b_4、b_5 随桩长 L 的变化规律，得出如下结论：

（1）方程系数 b_4 随着桩长 L 增大逐渐增大，且与桩长 L 呈线性关系，线性方程为 $b_4=3\times10^{-6}L-1\times10^{-4}$，系数 b_4 与桩长 L 的关系如图 3-20 所示；

（2）方程系数 b_5 随着桩长 L 增大逐渐减小，且与桩长 L 呈线性关系，线性方程为 $b_5=-1\times10^{-6}L+5\times10^{-5}$，系数 b_5 与桩长 L 的关系如图 3-21 所示。

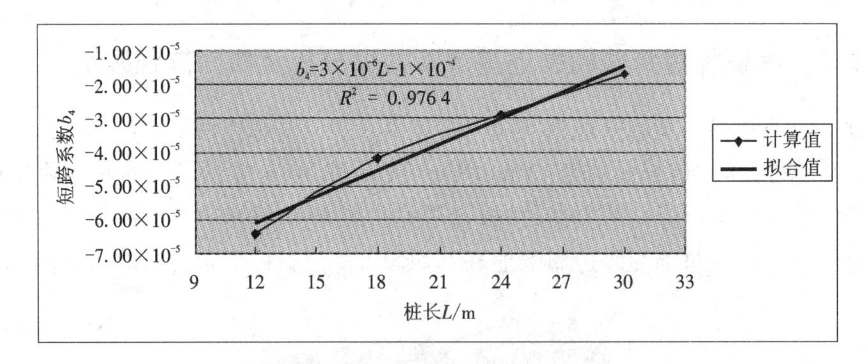

图 3-20　曲面方程系数 b_4 与桩长 L 的关系图

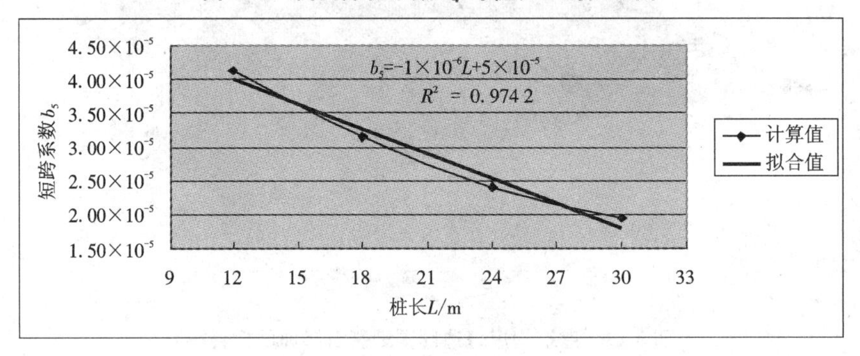

图 3-21　曲面方程系数 b_5 与桩长 L 的关系图

3.2.2.3　建筑物长跨边周围地基沉降数据分析及曲面方程确定

分析上部结构—基础—地基共同作用体系在竖向荷载作用下，上部结构、筏板厚度和地基不变，对比桩长分别为 12 m、18 m、24 m 和 30 m 条件下建筑物长跨边周围地基产生的不均匀沉降位移数据，并拟合相关曲面方程，探求方程二次项系数随桩长的变化规律。对建筑物长跨边周围地基不均匀沉降进行曲面拟合，如图 3-22 所示。

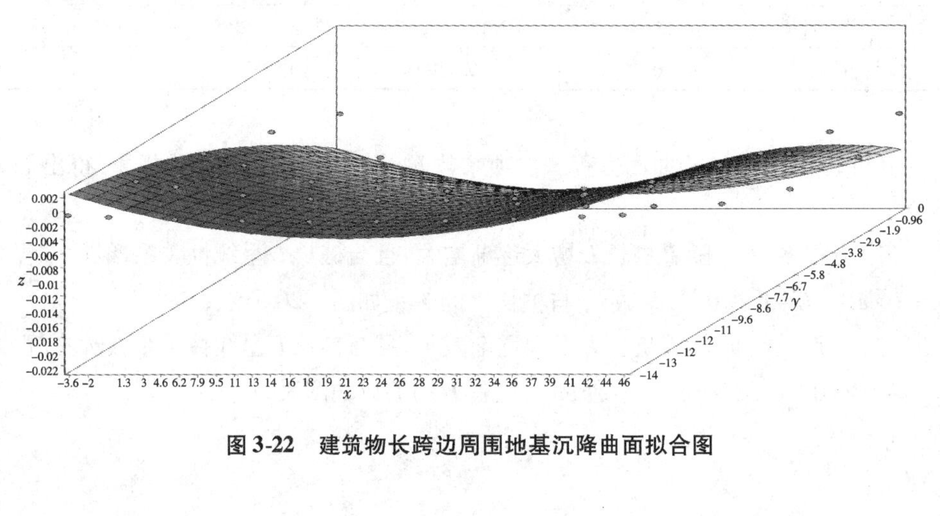

图 3-22　建筑物长跨边周围地基沉降曲面拟合图

对图3-22的沉降曲面进行方程拟合，曲面方程为 $z = b_1 + b_2x + b_3y + b_4x^2 + b_5y^2$，方程二次项系数 b_4、b_5 和相关系数 R^2 随桩长 L 的变化规律如表3-12所示。

表3-12　b_4、b_5 和 R^2 随桩长 L 的变化规律

系数 \ 桩长 L	12 m	18 m	24 m	30 m
b_4	4.402×10^{-5}	3.102×10^{-5}	2.283×10^{-5}	1.831×10^{-5}
b_5	-6.373×10^{-5}	-4.282×10^{-5}	-2.792×10^{-5}	-1.901×10^{-5}
R^2	0.931	0.955	0.961	0.963

分析表3-12曲面方程二次项系数 b_4、b_5 随桩长 L 的变化规律，得出如下结论：

(1)方程系数 b_4 随着桩长 L 增大逐渐减小，且与桩长 L 呈线性关系，线性方程为 $b_4 = -1\times10^{-6}L + 5\times10^{-5}$，系数 b_4 与桩长 L 的关系如图3-23所示；

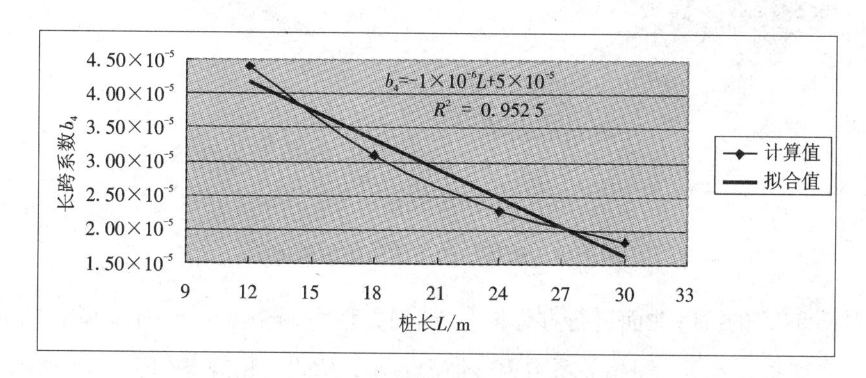

图3-23　曲面方程系数 b_4 与桩长 L 的关系图

(2)方程系数 b_5 随着桩长 L 增大逐渐增大，且与桩长 L 呈线性关系，线性方程为 $b_5 = 2\times10^{-6}L - 8\times10^{-5}$，系数 b_5 与桩长 L 的关系如图3-24所示。

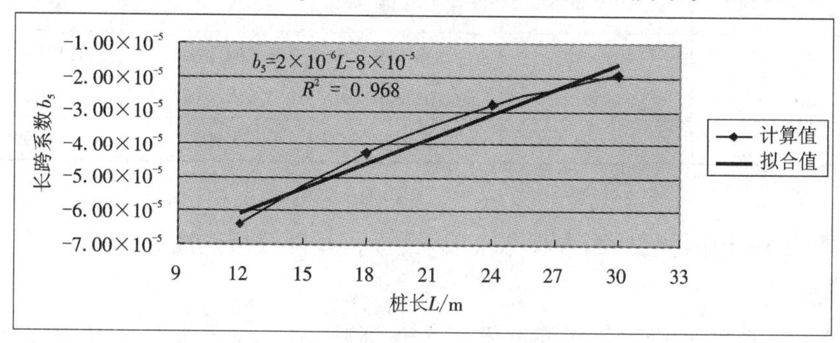

图3-24　曲面方程系数 b_5 与桩长 L 的关系图

3.2.3 建筑物长宽比为 2～3 的沉降数据分析及曲面方程确定

3.2.3.1 建筑物底面沉降数据分析及曲面方程确定

分析上部结构—基础—地基共同作用体系在竖向荷载作用下，上部结构、桩长和地基不变，对比筏板厚度分别为 0.6 m、0.9 m、1.2 m、1.5 m 条件下建筑物底面产生的不均匀沉降位移数据，并拟合相关曲面方程，探求方程二次项系数随筏板厚度的变化规律。对建筑物底面不均匀沉降进行曲面拟合，如图 3-25 所示。

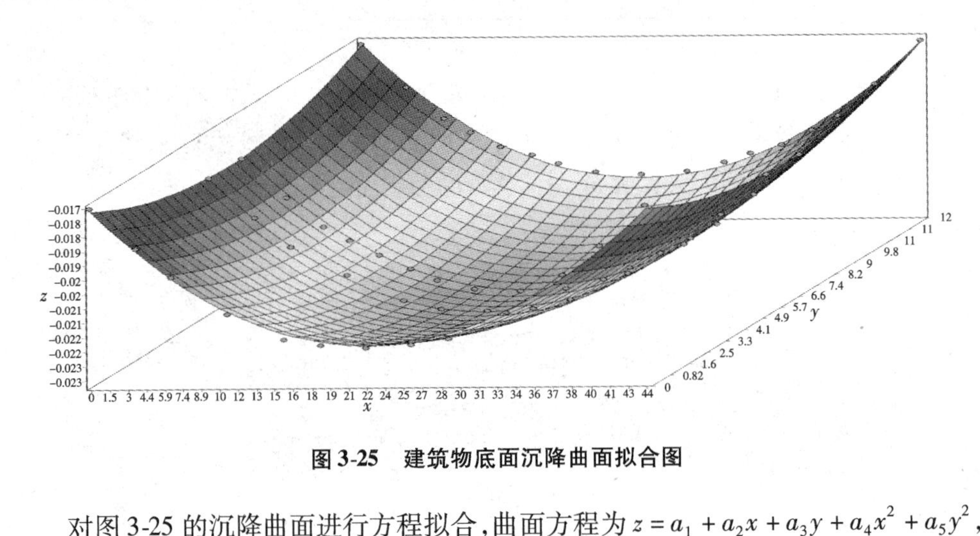

图 3-25 建筑物底面沉降曲面拟合图

对图 3-25 的沉降曲面进行方程拟合，曲面方程为 $z = a_1 + a_2x + a_3y + a_4x^2 + a_5y^2$，方程二次项系数 a_4、a_5 和相关系数 R^2 随筏板厚度 H 的变化规律如表 3-13 所示。

表 3-13 a_4、a_5 和 R^2 随筏板厚度 H 的变化规律

系数 \ 筏板厚度 H	0.6 m	0.9 m	1.2 m	1.5 m
a_4	1.423×10^{-5}	1.298×10^{-5}	1.204×10^{-5}	1.121×10^{-5}
a_5	5.644×10^{-5}	3.805×10^{-5}	2.611×10^{-5}	1.730×10^{-5}
R^2	0.953	0.991	0.993	0.995

分析表 3-13 中抛物曲面方程二次项系数 a_4、a_5 随筏板厚度 H 的变化规律，得出如下结论：

(1) 方程系数 a_4 随着筏板厚度 H 增大逐渐减小，且与筏板厚度 H 呈线性关系，线性方程为 $a_4 = -3 \times 10^{-6}H + 2 \times 10^{-5}$，系数 a_4 与筏板厚度 H 的关系如图 3-26 所示；

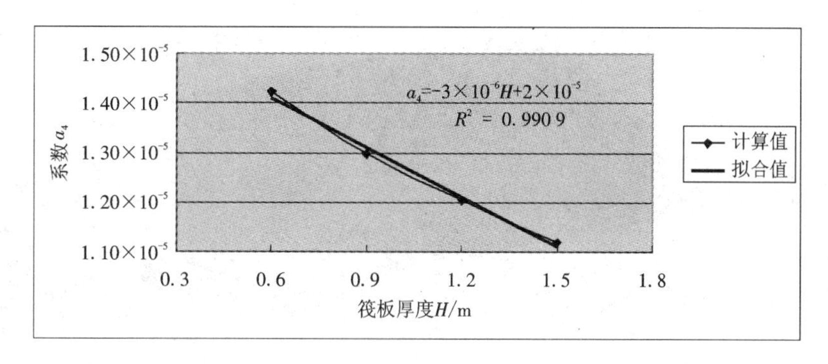

图 3-26 曲面方程系数 a_4 与筏板厚度 H 的关系图

(2)方程系数 a_5 随着筏板厚度 H 增大逐渐减小,且与筏板厚度 H 呈线性关系,线性方程为 $a_5 = -4 \times 10^{-5} H + 8 \times 10^{-5}$,系数 a_5 与筏板厚度 H 的关系如图 3-27 所示。

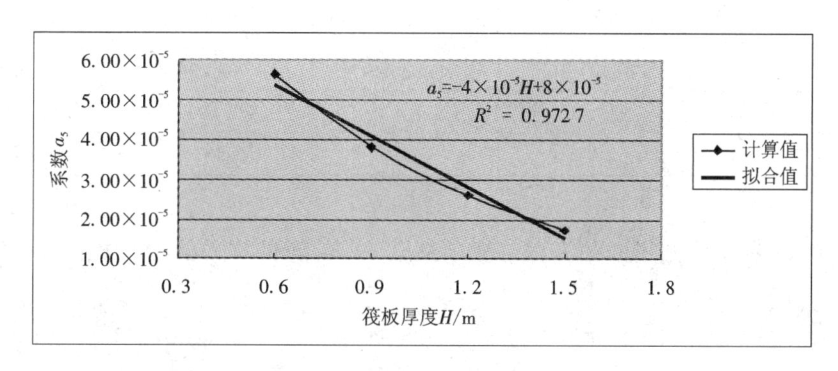

图 3-27 曲面方程系数 a_5 与筏板厚度 H 的关系图

3.2.3.2 建筑物短跨边周围地基沉降数据分析及曲面方程确定

分析上部结构—基础—地基共同作用体系在竖向荷载作用下,上部结构、筏板厚度和地基不变,对比桩长分别为 12 m、18 m、24 m 和 30 m 条件下建筑物短跨边周围地基产生的不均匀沉降位移数据,并拟合相关曲面方程,探求方程二次项系数随桩长的变化规律。对建筑物短跨边周围地基不均匀沉降进行曲面拟合,如图 3-28 所示。

对图 3-28 的沉降曲面进行方程拟合,曲面方程为 $z = b_1 + b_2 x + b_3 y + b_4 x^2 + b_5 y^2$,方程二次项系数 b_4、b_5 和相关系数 R^2 随桩长 L 的变化规律如表 3-14 所示。

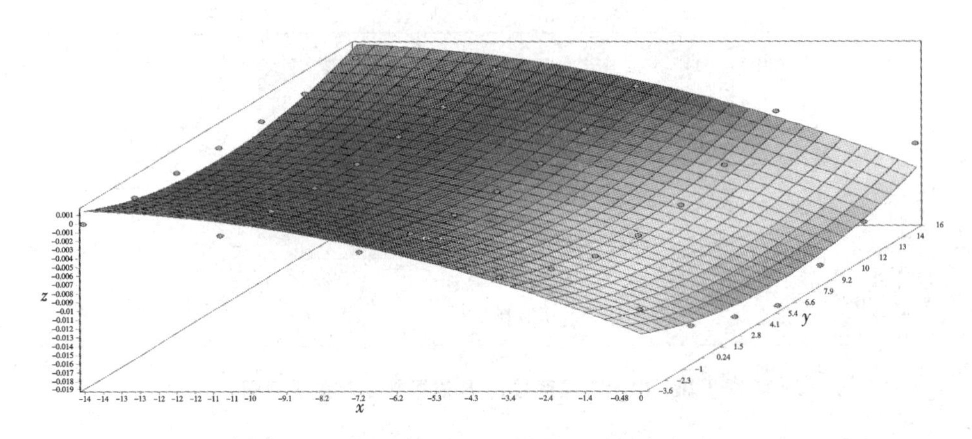

图 3-28　建筑物短跨边周围地基沉降曲面拟合图

表 3-14　b_4、b_5 和 R^2 随桩长 L 的变化规律

系数＼桩长 L	12 m	18 m	24 m	30 m
b_4	-7.714×10^{-5}	-5.482×10^{-5}	-3.703×10^{-5}	-2.701×10^{-5}
b_5	4.933×10^{-5}	3.932×10^{-5}	2.922×10^{-5}	2.271×10^{-5}
R^2	0.941	0.958	0.962	0.962

分析表 3-14 中抛物曲面方程二次项系数 b_4、b_5 随桩长 L 的变化规律，得出如下结论：

(1)方程系数 b_4 随着桩长 L 增大逐渐增大，且与桩长 L 呈线性关系，线性方程为 $b_4=3\times10^{-6}L-0.000\,11$，系数 b_4 与桩长 L 的关系如图 3-29 所示；

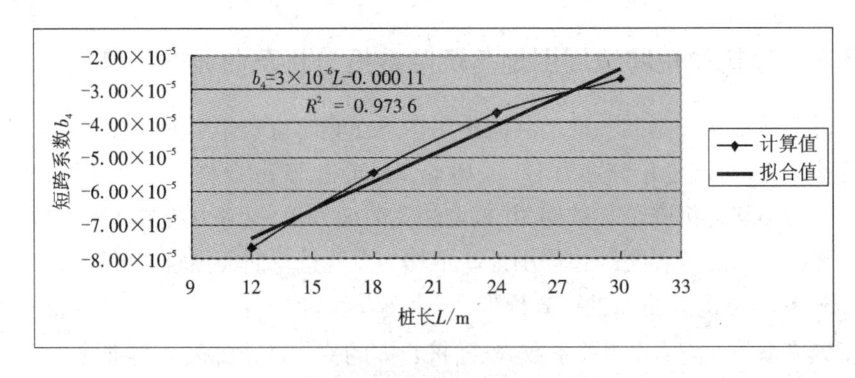

图 3-29　曲面方程系数 b_4 与桩长 L 的关系图

(2)方程系数 b_5 随着桩长 L 增大逐渐减小，且与桩长 L 呈线性关系，线性方程为 $b_5=-1\times10^{-6}L+5.7\times10^{-5}$，系数 b_5 与桩长 L 的关系如图 3-30 所示。

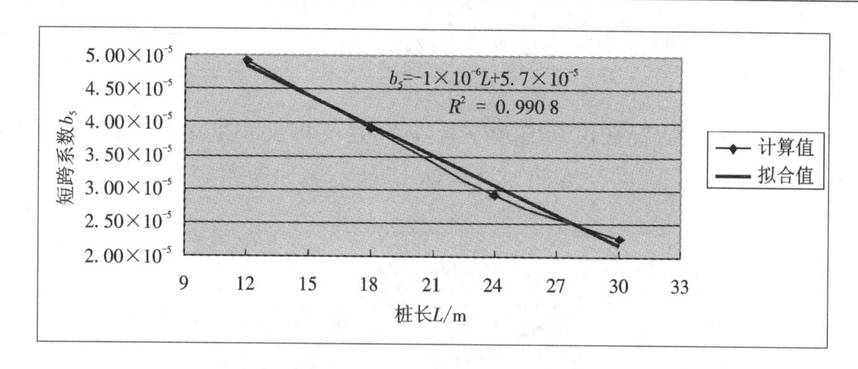

图 3-30 曲面方程系数 b_5 与桩长 L 的关系图

3.2.3.3 建筑物长跨边周围地基沉降数据分析及曲面方程确定

分析上部结构—基础—地基共同作用体系在竖向荷载作用下，上部结构、筏板厚度和地基不变，对比桩长分别为 12 m、18 m、24 m 和 30 m 条件下建筑物长跨边周围地基产生的不均匀沉降位移数据，并拟合相关曲面方程，探求方程二次项系数随桩长的变化规律。对建筑物长跨边周围地基不均匀沉降进行曲面拟合，如图 3-31 所示。

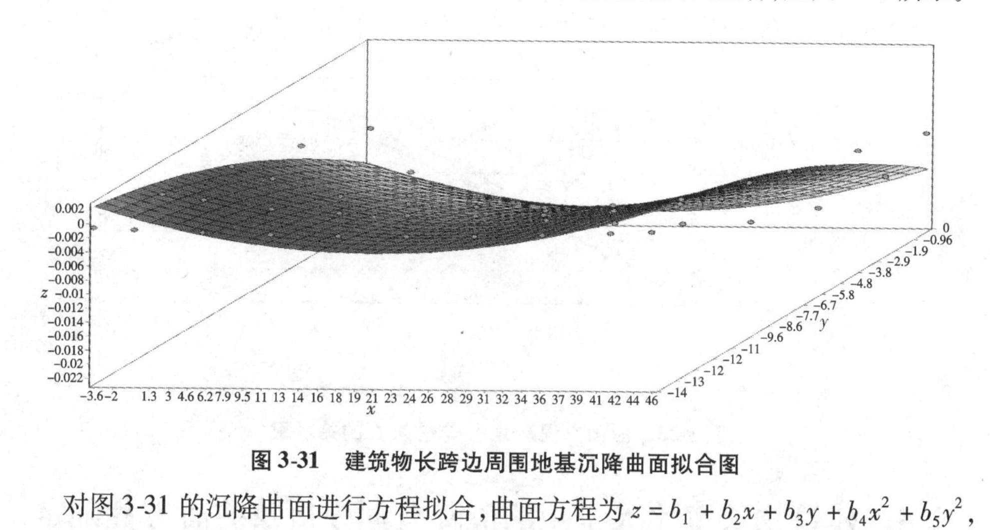

图 3-31 建筑物长跨边周围地基沉降曲面拟合图

对图 3-31 的沉降曲面进行方程拟合，曲面方程为 $z = b_1 + b_2x + b_3y + b_4x^2 + b_5y^2$，方程二次项系数 b_4、b_5 和相关系数 R^2 随桩长 L 的变化规律如表 3-15 所示。

表 3-15 b_4、b_5 和 R^2 随桩长 L 的变化规律

系数 \ 桩长 L	12 m	18 m	24 m	30 m
b_4	2.019×10^{-5}	1.582×10^{-5}	1.203×10^{-5}	0.971×10^{-5}
b_5	-7.773×10^{-5}	-5.582×10^{-5}	-3.442×10^{-5}	-2.451×10^{-5}
R^2	0.911	0.936	0.945	0.947

分析表 3-15 中抛物曲面方程二次项系数 b_4、b_5 随桩长 L 的变化规律，得出如下结论：

（1）方程系数 b_4 随着桩长 L 增大逐渐减小，且与桩长 L 呈线性关系，线性方程为 $b_4 = -6\times10^{-7}L + 2.7\times10^{-5}$，系数 b_4 与桩长 L 的关系如图 3-32 所示；

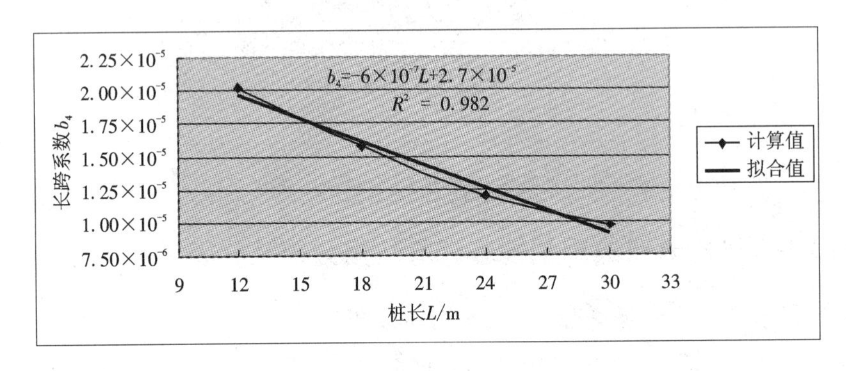

图 3-32　曲面方程系数 b_4 与桩长 L 的关系图

（2）方程系数 b_5 随着桩长 L 增大逐渐增大，且与桩长 L 呈线性关系，线性方程为 $b_5 = 3\times10^{-6}L - 0.000\ 11$，系数 b_5 与桩长 L 的关系如图 3-33 所示。

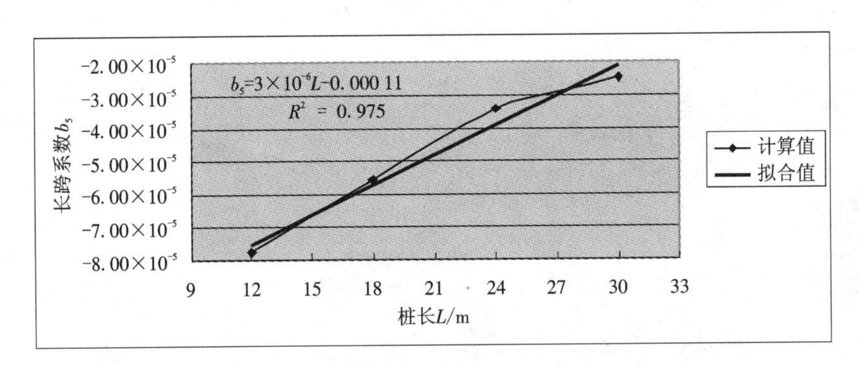

图 3-33　曲面方程系数 b_5 与桩长 L 的关系图

3.2.4　建筑物长宽比大于 4 的沉降数据分析及曲面方程确定

3.2.4.1　建筑物底面沉降数据分析及曲面方程确定

分析考虑共同作用在竖向荷载作用下，上部结构、桩长和地基不变，对比筏板厚度分别为 0.6 m、0.9 m、1.2 m、1.5 m 条件下建筑物底面产生的不均匀沉降位移数据，并拟合相关曲面方程，探求方程二次项系数随筏板厚度的变化规律。对建筑物底面地基不均匀沉降进行曲面拟合，如图 3-34 所示。

对图 3-34 的沉降曲面进行方程拟合，曲面方程为 $z = a_1 + a_2x + a_3y + a_4x^2 + a_5y^2$，

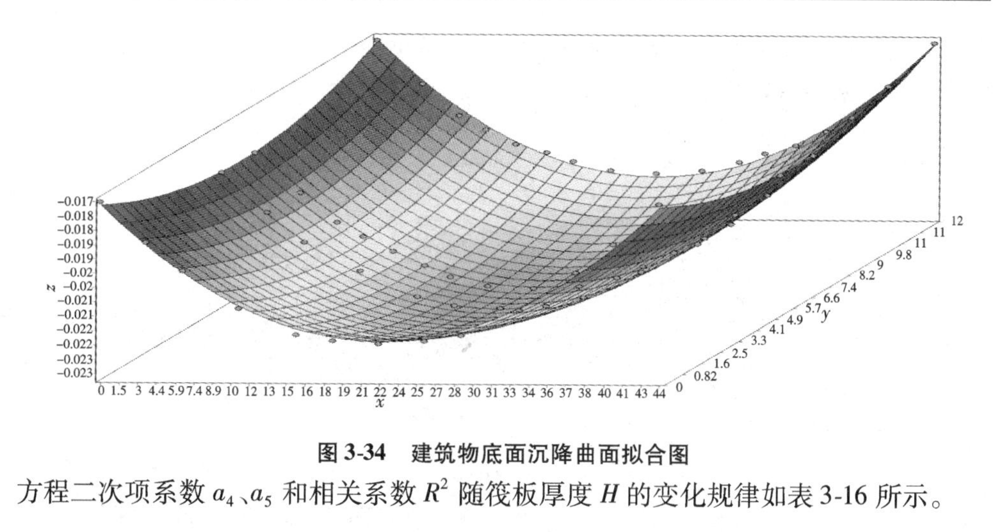

图3-34 建筑物底面沉降曲面拟合图

方程二次项系数 a_4、a_5 和相关系数 R^2 随筏板厚度 H 的变化规律如表3-16所示。

表3-16 a_4、a_5 和 R^2 随筏板厚度 H 的变化规律

系数 \ 筏板厚度 H	0.6 m	0.9 m	1.2 m	1.5 m
a_4	0.827×10^{-5}	0.812×10^{-5}	0.794×10^{-5}	0.777×10^{-5}
a_5	5.652×10^{-5}	4.042×10^{-5}	2.794×10^{-5}	1.784×10^{-5}
R^2	0.953	0.991	0.993	0.995

分析表3-16中抛物曲面方程二次项系数 a_4、a_5 随筏板厚度 H 的变化规律，得出如下结论：

(1)方程系数 a_4 随着筏板厚度 H 增大逐渐减小，且与筏板厚度 H 呈线性关系，线性方程为 $a_4=-6\times10^{-7}H+9\times10^{-6}$，系数 a_4 与筏板厚度 H 的关系如图3-35所示；

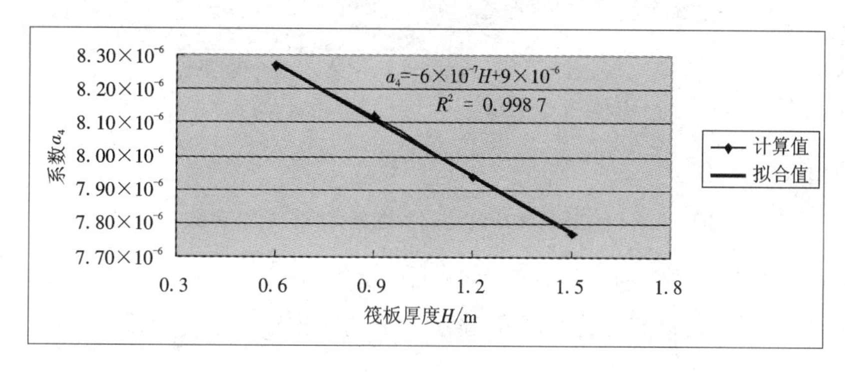

图3-35 曲面方程系数 a_4 与筏板厚度 H 的关系图

(2)方程系数 a_5 随着筏板厚度 H 增大逐渐减小,且与筏板厚度 H 呈线性关系,线性方程为 $a_5 = -4\times10^{-5}H + 8\times10^{-5}$,系数 a_5 与筏板厚度 H 的关系如图 3-36 所示。

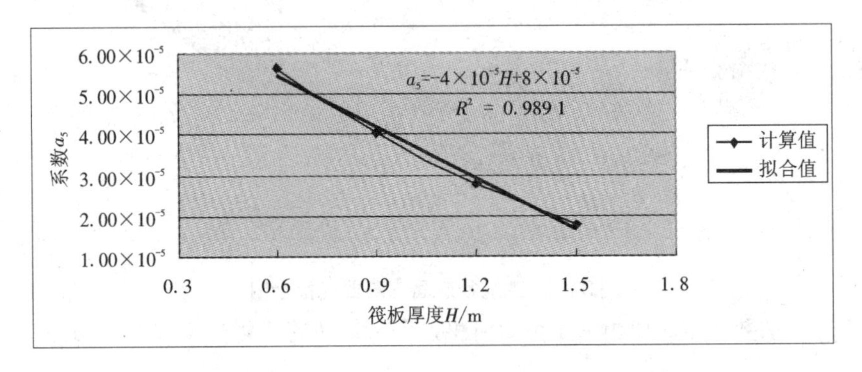

图 3-36 曲面方程系数 a_5 与筏板厚度 H 的关系图

3.2.4.2 建筑物短跨边周围地基沉降数据分析及曲面方程确定

分析考虑共同作用在竖向荷载作用下,上部结构、筏板厚度和地基不变,对比桩长分别为 12 m、18 m、24 m 和 30 m 条件下建筑物短跨边周围地基产生的不均匀沉降位移数据,并拟合相关曲面方程,探求方程二次项系数随桩长的变化规律。对建筑物短跨边周围地基不均匀沉降进行曲面拟合,如图 3-37 所示。

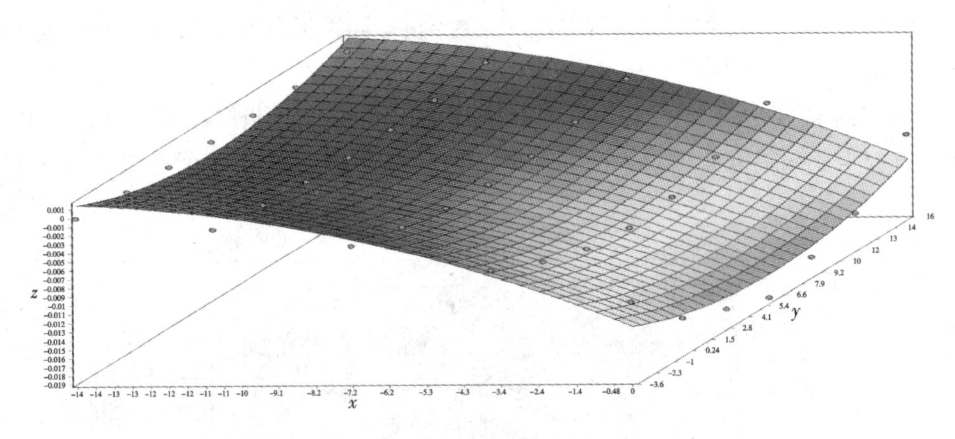

图 3-37 建筑物短跨边周围地基沉降曲面拟合图

对图 3-37 的沉降曲面进行方程拟合,曲面方程为 $z = b_1 + b_2x + b_3y + b_4x^2 + b_5y^2$,方程二次项系数 b_4、b_5 和相关系数 R^2 随桩长 L 的变化规律如表 3-17 所示。

表 3-17　b_4、b_5 和 R^2 随桩长 L 的变化规律

系数 \ 桩长 L	12 m	18 m	24 m	30 m
b_4	-8.254×10^{-5}	-5.662×10^{-5}	-3.793×10^{-5}	-2.821×10^{-5}
b_5	4.683×10^{-5}	3.642×10^{-5}	2.682×10^{-5}	2.111×10^{-5}
R^2	0.941	0.957	0.964	0.965

分析表 3-17 中方程二次项系数 b_4、b_5 随桩长 L 的变化规律，得出如下结论：

（1）方程系数 b_4 随着桩长 L 增大逐渐增大，且与桩长 L 呈线性关系，线性方程为 $b_4=3\times10^{-6}L-0.000\,11$，系数 b_4 与桩长 L 的关系如图 3-38 所示；

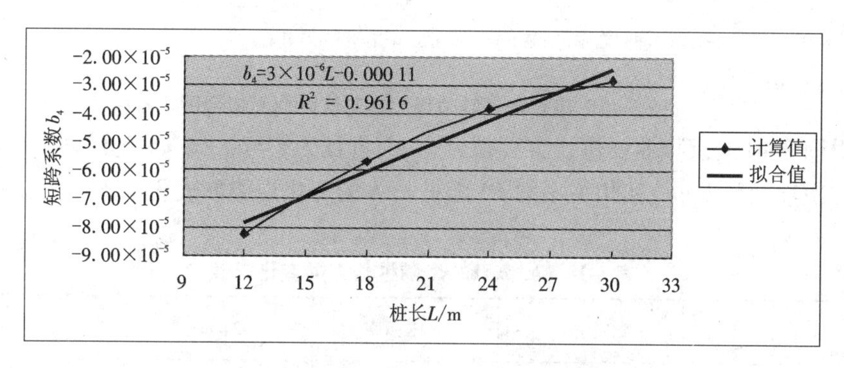

图 3-38　曲面方程系数 b_4 与桩长 L 的关系图

（2）方程系数 b_5 随着桩长 L 增大逐渐减小，且与桩长 L 呈线性关系，线性方程为 $b_5=-1\times10^{-6}L+5.3\times10^{-5}$，系数 b_5 与桩长 L 的关系如图 3-39 所示。

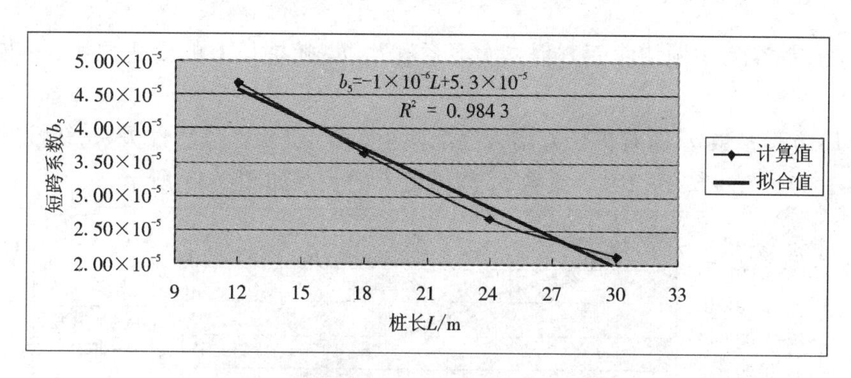

图 3-39　曲面方程系数 b_5 与桩长 L 的关系图

3.2.4.3　建筑物长跨边周围地基沉降数据分析及曲面方程确定

分析上部结构—基础—地基共同作用体系在竖向荷载作用下，上部结构、筏板厚度和地基不变，对比桩长分别为 12 m、18 m、24 m 和 30 m 条件下建筑物长跨边周围地基产生的不均匀沉降位移数据，并拟合相关曲面方程，探求方程二次项系数随桩长的变化规律。对建筑物短跨边周围地基不均匀沉降进行曲面拟合，如图3-40所示。

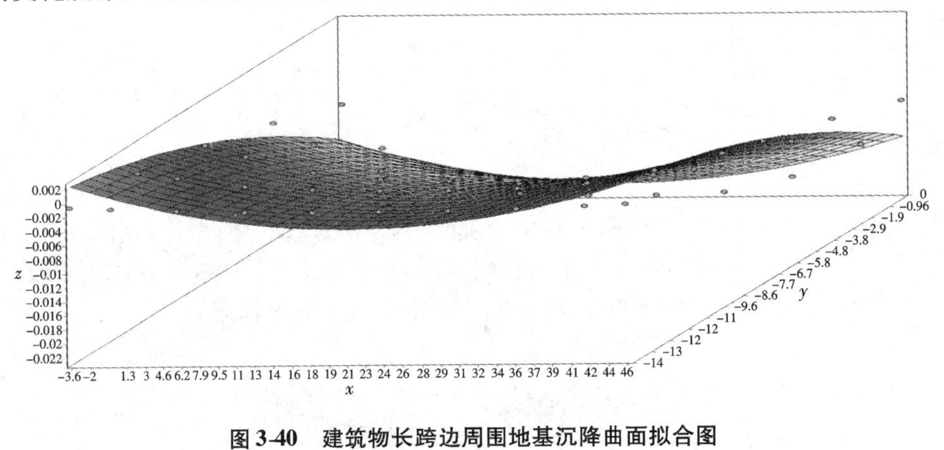

图3-40 建筑物长跨边周围地基沉降曲面拟合图

对图3-40的沉降曲面进行方程拟合，曲面方程为 $z = b_1 + b_2x + b_3y + b_4x^2 + b_5y^2$，方程二次项系数 b_4、b_5 和相关系数 R^2 随桩长 L 的变化规律如表3-18所示。

表3-18 b_4、b_5 和 R^2 随桩长 L 的变化规律

系数 \ 桩长 L	12 m	18 m	24 m	30 m
b_4	5.243×10^{-5}	4.582×10^{-5}	3.753×10^{-5}	3.051×10^{-5}
b_5	-9.483×10^{-5}	-5.872×10^{-5}	-3.522×10^{-5}	-1.921×10^{-5}
R^2	0.911	0.928	0.933	0.935

分析表3-18中抛物曲面方程二次项系数 b_4、b_5 随桩长 L 的变化规律，得出如下结论：

（1）方程系数 b_4 随着桩长 L 增大逐渐减小，且与桩长 L 呈线性关系，线性方程为 $b_4 = -1\times10^{-6}L + 6.2\times10^{-5}$，系数 b_4 与桩长 L 的关系如图3-41所示；

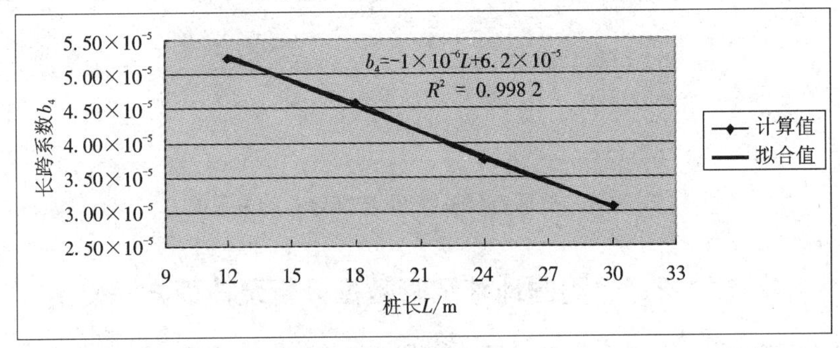

图3-41 曲面方程系数 b_4 与桩长 L 的关系图

(2)方程系数 b_5 随着桩长 L 增大逐渐增大,且与桩长 L 呈线性关系,线性方程为 $b_5=4\times10^{-6}L-0.00013$,系数 b_5 与桩长 L 的关系如图3-42所示。

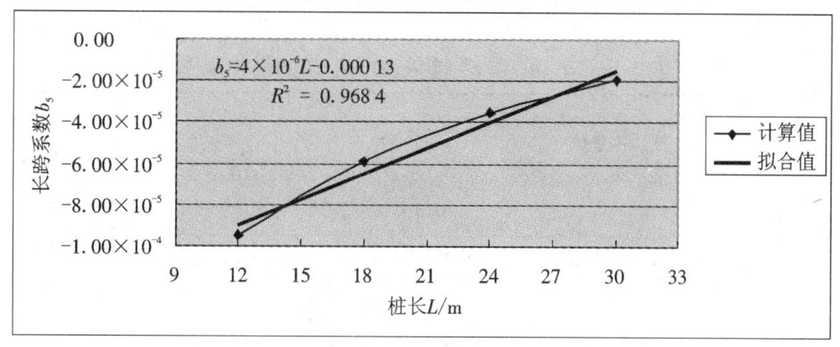

图3-42　曲面方程系数 b_5 与桩长 L 的关系图

3.2.5　荷载对沉降曲面方程的影响

以上主要进行建筑物在自重荷载作用下的正分析研究,对建筑物地基的沉降数据进行分析和曲面方程拟合,分析沉降曲面方程二次项系数 a_4、a_5 随建筑物长宽比、桩长和筏板厚度的变化规律。本节将考虑全部荷载(恒荷载(自重)+活荷载(2.0 kN/m^2))进行正分析,对建筑物地基的沉降数据进行分析和曲面方程拟合,对比沉降曲面方程二次项系数 a_4、a_5 随荷载大小的变化规律。

以长宽比为3~4的建筑物底面地基不均匀沉降规律为例进行分析,分析在全部荷载作用下,上部结构、桩长和地基不变,对比筏板厚度分别为0.6 m、0.9 m、1.2 m、1.5 m条件下建筑物底面产生的不均匀沉降位移数据,并拟合相关曲面方程,探求方程二次项系数 a_4、a_5 随筏板厚度的变化规律。

在全部荷载作用下,对建筑物底面节点沉降位移值进行分析及曲面拟合,整个建筑物底面的不均匀沉降趋势呈抛物曲面,中间大边缘小,如图3-43所示。

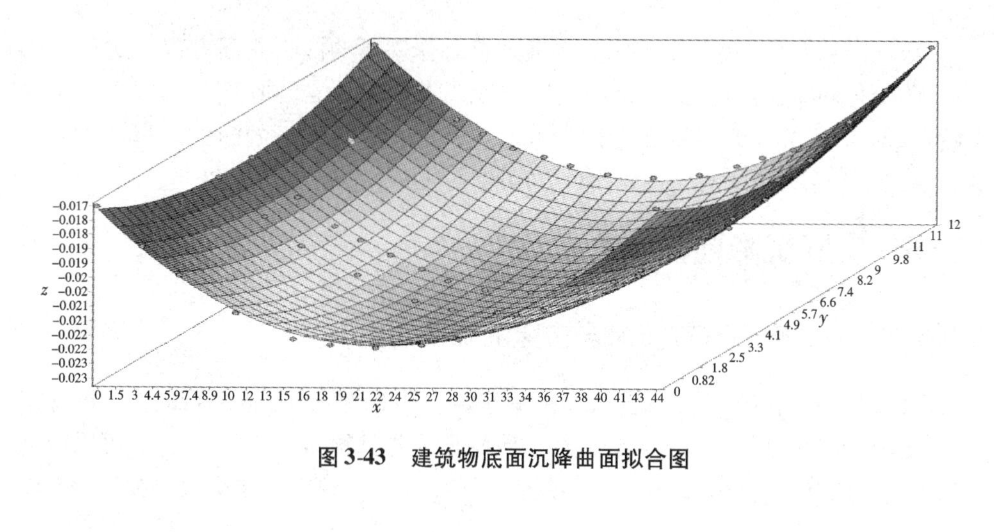

图3-43　建筑物底面沉降曲面拟合图

对图 3-43 的沉降曲面进行方程拟合，曲面方程为 $z = a_1 + a_2x + a_3y + a_4x^2 + a_5y^2$，方程二次项系数 a_4、a_5 和相关系数 R^2 随筏板厚度 H 的变化规律如表 3-19 所示。

表 3-19 a_4、a_5 和 R^2 随筏板厚度 H 的变化规律

系数 \ 筏板厚度 H	0.6 m	0.9 m	1.2 m	1.5 m
a_4	1.078×10^{-5}	1.033×10^{-5}	0.995×10^{-5}	0.971×10^{-5}
a_5	5.323×10^{-5}	3.967×10^{-5}	2.883×10^{-5}	1.834×10^{-5}
R^2	0.995	0.994	0.997	0.997

上部结构、筏板厚度、桩长和地基不变的条件下，对比采用全部荷载与仅考虑自重作用下的沉降曲面方程二次项系数 a_4、a_5 的变化情况，探求方程二次项系数随荷载的变化规律，如表 3-20 所示。

表 3-20 a_4、a_5 在全部荷载与自重作用下的变化

系数 \ 筏板厚度 H	0.6 m	0.9 m	1.2 m	1.5 m
自重作用下系数 a_4	1.075×10^{-5}	1.031×10^{-5}	0.993×10^{-5}	0.968×10^{-5}
全部荷载下系数 a_4	1.078×10^{-5}	1.033×10^{-5}	0.995×10^{-5}	0.971×10^{-5}
自重作用下系数 a_5	5.261×10^{-5}	3.856×10^{-5}	2.672×10^{-5}	1.799×10^{-5}
全部荷载下系数 a_5	5.323×10^{-5}	3.967×10^{-5}	2.883×10^{-5}	1.834×10^{-5}

分析表 3-20 中采用全部荷载与仅考虑自重作用下的抛物曲面方程二次项系数 a_4、a_5 的变化规律，得出如下结论：采用全部荷载与仅考虑自重作用下的方程二次项系数 a_4、a_5 几乎相同，因此采用全部荷载与仅考虑自重作用下的曲面方程二次项系数 a_4、a_5 随筏板厚度 H 的变化规律可以用同一个线性方程表示。

3.2.6 实际沉降曲面方程的确定

3.2.6.1 由实际测点直接拟合实际沉降曲面方程

可以通过实测点的位移数据直接推测建筑物其他点特别是内部点的实际沉降位移，由上面共同作用分析知建筑物底面的沉降形式与抛物曲面拟合度很高，可以应用抛物曲面来拟合建筑物的地基不均匀沉降。由实测点位移数据直接拟合抛物面方程可以分为下面两种情况。

(1)由于实测点数据是通过对建筑物进行实时监测获得的,是建筑物所处环境的所有因素作用的结果,反映了建筑物的实际沉降情况。如果测点很多,特别是在建筑物内部存在均匀布置的测点,能满足计算要求时可直接应用实测数据。如果数据不足但能够满足拟合沉降抛物曲面方程的精度要求,则可以直接通过实测点位移数据拟合曲面方程。

(2)当实际工程中布置的测点较少,且大多分布在建筑物的四周,即分布在建筑物沉降抛物曲面的边缘时,可以通过结合实测点和共同作用的分析结论来拟合建筑物的实际沉降曲面方程。

3.2.6.2 结合实测点和共同作用的分析结果来拟合沉降曲面方程

由以上分析可知,抛物曲面方程对建筑物底面的不均匀沉降趋势拟合精度较高,所以建筑物不均匀沉降情况可以通过抛物曲面进行模拟。抛物曲面基本方程为 $z = a_1 + a_2x + a_3y + a_4x^2 + a_5y^2$。分析方程中 a_1、a_2、a_3、a_4、a_5 五个系数的含义如下。

(1)系数 a_1、a_2、a_3 反映了抛物曲面的边界条件,系数 a_1 代表曲面沿 z 轴向上下移动的情况,系数 a_2、a_3 代表抛物曲面在 xOy 平面内平移的情况。

(2)系数 a_4、a_5 分别代表抛物曲面在 x 向和 y 向的曲率情况,即代表了曲面的弯曲程度。

本书的思路是以考虑共同作用整体建模正分析确定的沉降趋势为基础,建筑物的实测点沉降数据作为边界条件修正,拟合建筑物的实际沉降曲面方程。新拟合的曲面方程既考虑了建筑物的实测点沉降的边界条件,又考虑了沉降曲面的整体沉降趋势,所以这个曲面方程更接近于建筑物的实际沉降情况。把新拟合的建筑物沉降曲面方程作为建筑物的实际沉降曲面方程,用于推测建筑物内部点的实际沉降值。

结合实测点与共同作用的分析结论来拟合实际沉降曲面方程步骤如下。

(1)抛物曲面方程对建筑物底面不均匀沉降的拟合精度较高,设实际沉降曲面方程基本形式为 $z = a_1 + a_2x + a_3y + a_4x^2 + a_5y^2$。

(2)建筑物长宽比、桩长和筏板厚度是影响建筑物和周围地基不均匀沉降趋势的主要因素,ANSYS 中考虑上部结构、基础和地基共同作用整体建模能够较真实地反映建筑物的实际沉降趋势。而抛物曲面方程二次项系数 a_4、a_5 分别代表抛物曲面在 x 向和 y 向的曲率情况,即代表了曲面的弯曲程度,所以抛物曲面二次项系数 a_4、a_5 可以由建筑物长宽比、桩长 L、筏板厚度 H 较精确地确定。

(3)建筑物的实测点分布在建筑物周围,即分布在建筑物底面抛物沉降曲面的边缘,实测点数据的大小和变化决定了抛物曲面的边界条件。由于实测点数据反映的是建筑物实际的沉降情况，是建筑物所处环境的所有因素作用的结果，其大小和变化影响抛物面的上下和左右移动等边界条件的变化，所以抛物曲面方程的系数 a_1、a_2、a_3 可以通过实测点来拟合确定。

3.2.6.3 相邻建筑物对不均匀沉降的影响

由于土体的摩擦性和黏聚性，使建筑物周围的地基土与建筑物底面的地基土的沉降成为一个连续的整体。分析共同作用下建筑物周围地基土的不均匀沉降数据得出，建筑物对周围土体的影响范围为距建筑物外边缘 15 m 范围内，离建筑物边缘 15 m 以外的地基土的沉降值小于 0.5 mm，相对于建筑物边缘处地基土的沉降量为 15 mm，小于5%。考虑相邻建筑物对不均匀沉降的影响时，受影响区域的建筑物实际沉降情况为本建筑物的单独沉降与相邻建筑物外边缘地基土沉降的叠加，即受影响区域的建筑物的实际沉降曲面方程为建筑物单独沉降曲面方程与相邻建筑物周围地基土沉降曲面方程的叠加。

对考虑相邻建筑物影响确定建筑物实际沉降曲面方程的步骤如下。

(1)单独建筑物的实际沉降曲面方程：在不受相邻建筑物影响范围内，为建筑物单独沉降的情况，其沉降抛物曲面方程为 $z = a_1 + a_2x + a_3y + a_4x^2 + a_5y^2$。由不受影响区域的实测点数据为边界条件确定系数 a_1、a_2、a_3，由本建筑物的长宽比和筏板厚度确定二次项系数 a_4、a_5。

(2)在受相邻建筑物影响区域建筑物的实际沉降曲面方程：在受相邻建筑物影响范围内，建筑物的实际沉降的情况为建筑物单独沉降与相邻建筑物周围地基土沉降的叠加。叠加后的建筑物实际沉降曲面方程基本形式为 $z = c_1 + c_2x + c_3y + (a_4 + b_4)x^2 + (a_5 + b_5)y^2$。由受影响区域实测数据为边界条件确定方程系数 c_1、c_2、c_3，由本建筑物和相邻建筑物的长宽比、桩长和筏板厚度确定二次项系数 a_4、a_5、b_4 和 b_5。

3.3 本章小结

考虑上部结构、基础和地基三者之间的共同作用进行正分析，对建筑物的不均匀沉降规律进行曲面拟合，抛物曲面方程 $z = a_1 + a_2x + a_3y + a_4x^2 + a_5y^2$ 对建筑物底面和周围地基沉降趋势的拟合精度较高，本书重点分析二次项系数 a_4、a_5 随建筑物长宽比、桩长 L 和筏板厚度 H 的变化规律，得出如下结论。

(1)建筑物底面抛物沉降曲面方程二次项系数 a_4、a_5 与建筑物长宽比、筏板厚度 H 的关系如表 3-21 所示。

表 3-21 a_4、a_5 与建筑物长宽比、筏板厚度 H 的关系

长宽比	$a_4=\alpha_1\times H+\alpha_2$		$a_5=\alpha_3\times H+\alpha_4$	
	α_1	α_2	α_3	α_4
1~2	-1×10^{-5}	3×10^{-5}	-3×10^{-5}	6×10^{-5}
2~3	-3×10^{-6}	2×10^{-5}	-4×10^{-5}	8×10^{-5}
3~4	-1×10^{-6}	1×10^{-5}	-4×10^{-5}	7×10^{-5}
大于4	-6×10^{-7}	9×10^{-6}	-4×10^{-5}	8×10^{-5}

(2)建筑物短跨边周围地基抛物沉降曲面方程二次项系数 b_4、b_5 与建筑物长宽比、桩长 L 的关系如表 3-22 所示。

表 3-22 b_4、b_5 与建筑物长宽比、桩长 L 的关系

长宽比	$b_4=\alpha_1\times L+\alpha_2$		$b_5=\alpha_3\times L+\alpha_4$	
	α_1	α_2	α_3	α_4
1~2	3×10^{-6}	-1×10^{-4}	-1×10^{-6}	5×10^{-5}
2~3	3×10^{-6}	-1.1×10^{-4}	-1×10^{-6}	5.7×10^{-5}
3~4	3×10^{-6}	-1.1×10^{-4}	-1×10^{-6}	5.5×10^{-5}
大于4	3×10^{-6}	-1.1×10^{-4}	-1×10^{-6}	5.3×10^{-5}

(3)建筑物长跨边周围地基抛物沉降曲面方程二次项系数 b_4、b_5 与建筑物长宽比、桩长 L 的关系如表 3-23 所示。

表 3-23 b_4、b_5 与建筑物长宽比、桩长 L 的关系

长宽比	$b_4=\alpha_1\times L+\alpha_2$		$b_5=\alpha_3\times L+\alpha_4$	
	α_1	α_2	α_3	α_4
1~2	-1×10^{-6}	5×10^{-5}	2×10^{-6}	-8×10^{-5}
2~3	-6×10^{-7}	2.7×10^{-5}	3×10^{-6}	-1.1×10^{-4}
3~4	-4×10^{-7}	1.8×10^{-5}	3×10^{-6}	-1.1×10^{-4}
大于4	-1×10^{-6}	6.2×10^{-5}	4×10^{-6}	-1.3×10^{-4}

(4)建筑物实际沉降曲面方程 $z=a_1+a_2x+a_3y+a_4x^2+a_5y^2$,系数 a_1、a_2、a_3 反映沉降曲面的边界条件,由实测点数据确定;系数 a_4、a_5 反映沉降曲面的沉降趋势,由建筑物的长宽比、筏板厚度确定。

(5)在受相邻建筑物影响范围内,建筑物的实际沉降的情况为建筑物单独沉降与相邻建筑物周围地基土沉降的叠加。叠加后的建筑物实际沉降曲面方程基本形式

为 $z=c_1+c_2x+c_3y+(a_4+b_4)x^2+(a_5+b_5)y^2$。由受影响区域实测数据为边界条件确定方程系数 c_1、c_2、c_3，由本建筑物和相邻建筑物的长宽比、桩长和筏板厚度确定二次项系数 a_4、a_5、b_4 和 b_5。

第4章　不同基础类型建筑物的沉降数据分析及曲面方程确定

4.1　正分析模型的建立

4.1.1　模型的介绍

本章分析使用的模型为框剪结构，该结构共10层，首层为框剪结构，层高4.5 m，2～10层为纯剪力墙结构，层高2.9 m，结构总高度为30.6 m，平面尺寸为42 m×14.6 m。梁、板、柱、剪力墙均采用现浇钢筋混凝土，混凝土强度等级为C40。钢筋混凝土的密度为2 800 kg/m^3，弹性模量按混凝土的弹性模量取值，泊松比取为0.17。该地区抗震设防烈度为7度，框架抗震等级为三级，剪力墙抗震等级为二级，框架柱轴压比$\mu=N/(A_c f_c)\leqslant 0.95$（三级）。结构平面图如图4-1和图4-2所示。

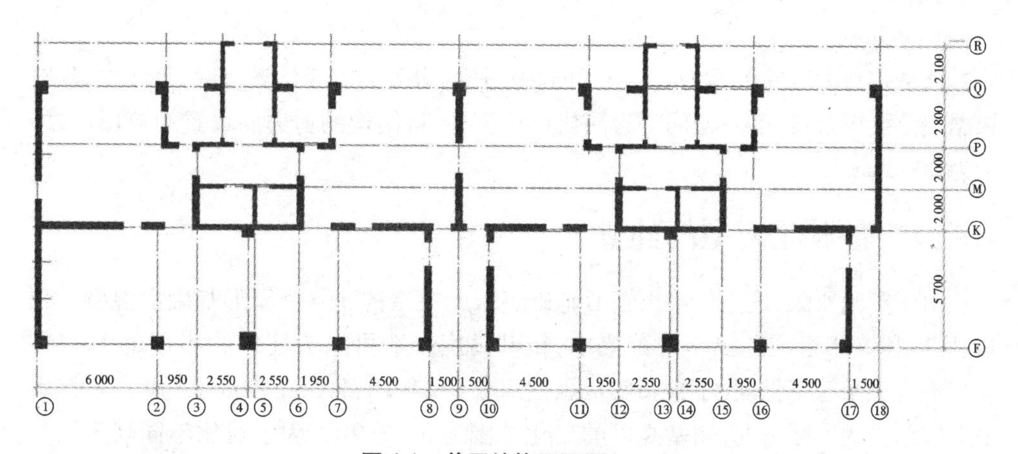

图4-1　首层结构平面图(mm)

建筑各主要承重结构构件尺寸如下所示。

1. 底层柱

该框剪结构只有第1层有柱子，2层以上为纯剪力墙结构，柱子直接连接剪力墙。底层柱的截面特性见表4-1。

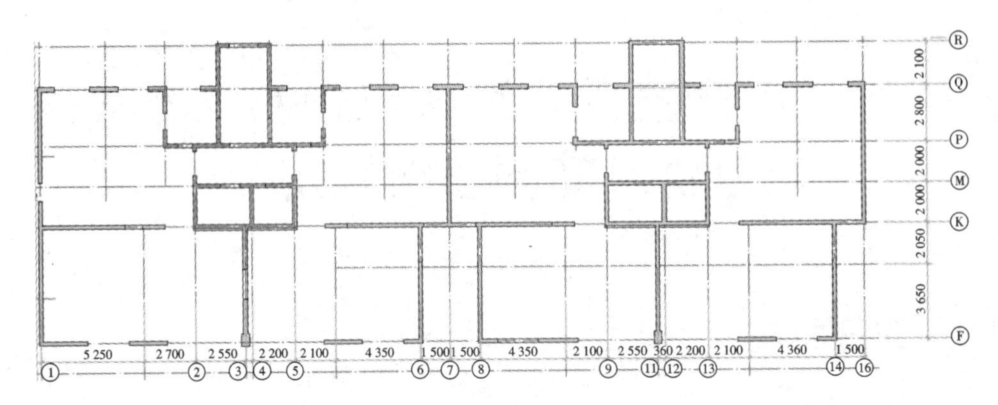

图 4-2　标准层结构平面图(mm)

表 4-1　底层柱的截面特性

编号	截面 $b_c \times h_c$(m^2)	混凝土强度	弹性模量 E_c(kN/m^2)	惯性矩 I_x(m^4)	惯性矩 I_y(m^4)
F-4、F-13	0.8×0.8	C40	3.25×10^7	3.41×10^{-2}	3.41×10^{-2}
其他	0.6×0.6	C40	3.25×10^7	1.08×10^{-2}	1.08×10^{-2}

2. 剪力墙

该结构剪力墙除了 F、Q 轴上有开洞外，其他均按实体墙计算，且都为独立墙肢。根据规范要求及设计经验，同时为简化计算模型，将结构的剪力墙设置为等厚度，即均为 200 mm。

4.1.2　有限元模型的建立

由于篇幅所限，这里仅给出箱形基础有限元模型的建立。箱形基础由混凝土顶板、底板和墙体组成。根据规范要求，箱基高度一般可取为建筑物高度的 1/12 ~ 1/8，不宜小于箱基长度(不包括底板悬挑部分)的 1/20，且最小不低于 3 m。根据本书上部结构的实际情况，箱基高度的变化范围为 3 ~ 3.9 m，为了对比不同高度箱基的沉降曲面，选择的箱基高度分别为 3 m、3.5 m、4 m。箱基底板厚 0.6 m，顶板厚 0.3 m，内外剪力墙厚 0.3 m。箱基的横截面尺寸根据上部结构的横截面尺寸确定，即为 42 m × 14.6 m。

箱基各楼板的单元类型选择为 SHELL63，正分析所采用的上部结构—箱基—地基整体的有限元整体模型如图 4-3 所示。

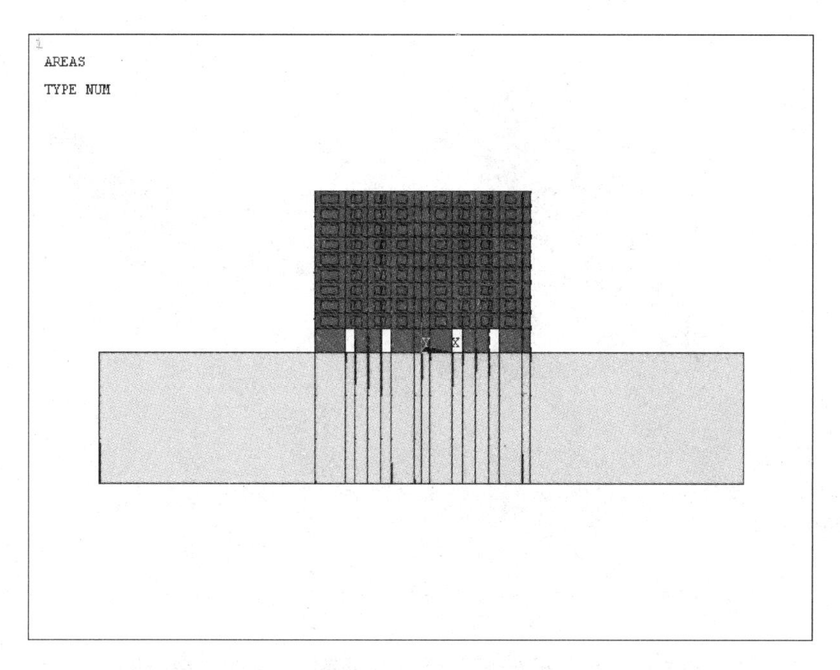

图 4-3　上部结构—箱基—地基整体的有限元整体模型

4.2　箱形基础的沉降数据分析及曲面方程确定

4.2.1　不同高度箱基沉降曲面方程模式

根据 ANSYS 计算所得的自重荷载作用下地基的不均匀沉降结果，利用最小二乘法拟合原理，利用 1stOpt15PRO 拟合软件将不同高度的箱形基础产生的沉降值拟合出曲面方程，以便为反分析提供依据。

根据结果云图中所显示的面的形式，沉降曲面大致可以看作抛物面，所以选择的沉降公式为

$$z = p_1 + p_2x + p_3x^2 + p_4y + p_5y^2 \tag{4-1}$$

3 m 高箱基基础底面沉降拟合结果如图 4-4 所示。

拟合出的曲面的各项系数为

$$p_1 = -0.028\,9, p_2 = -2.73\times10^{-6}, p_3 = 5.12\times10^{-6}, p_4 = 1.75\times10^{-5}, p_5 = 6.97\times10^{-6}$$

即拟合曲面方程为

$$z = -0.028\,9 - 0.000\,002\,73x + 0.000\,005\,12x^2 + 0.000\,017\,5y + 0.000\,006\,97y^2$$

方程与数值计算结果的相关系数 $R^2 = 0.996$，说明该曲面方程能够很好地模拟计算结果。

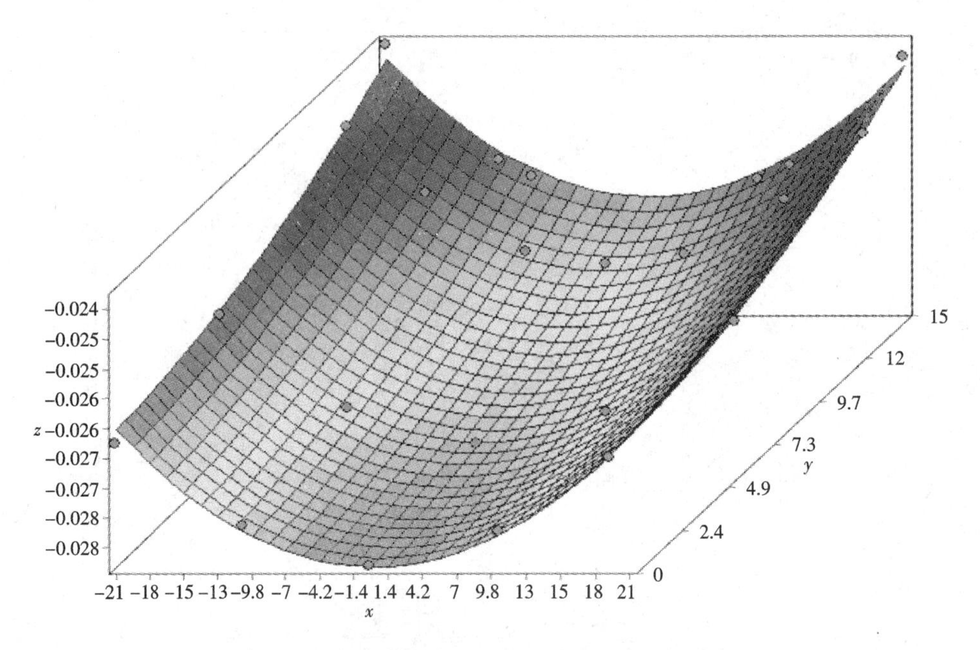

图 4-4 3 m 高箱基基础底面位移沉降曲面拟合结果(m)

3. 5 m 高箱基基础底面拟合沉降曲面如图 4-5 所示。

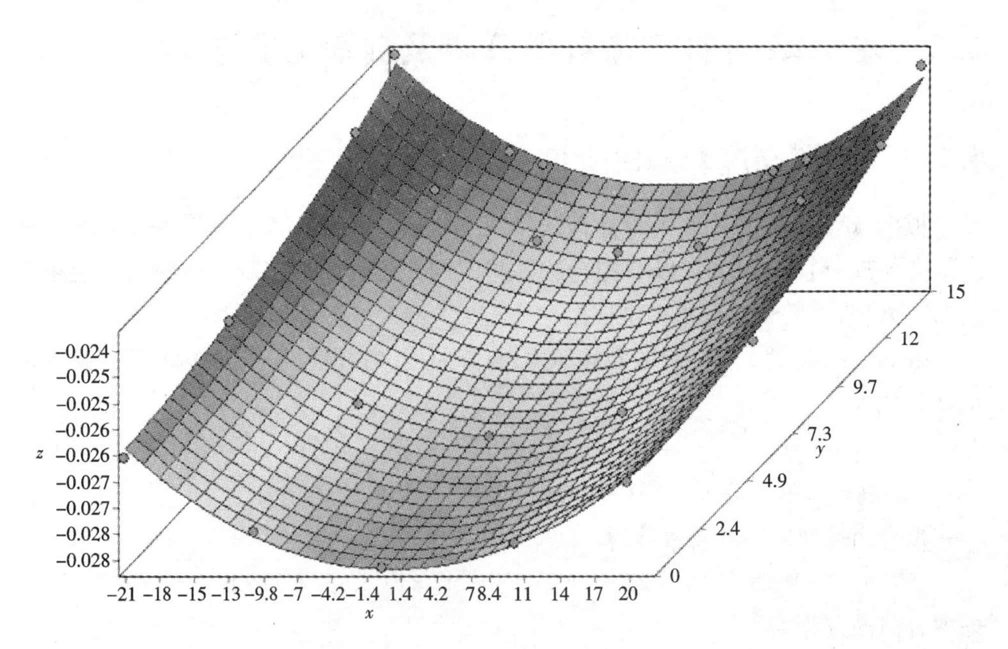

图 4-5 3. 5 m 高箱基基础底面位移沉降曲面拟合结果(m)

拟合出的曲面的各项系数为

$p_1 = -0.028, p_2 = -6.53 \times 10^{-6}, p_3 = 4.93 \times 10^{-6}, p_4 = 2.04 \times 10^{-5},$

$p_5 = 6.51 \times 10^{-6}$

即拟合曲面方程为

$$z = -0.028 - 0.000\,006\,53x + 0.000\,004\,93x^2 + 0.000\,020\,4y + 0.000\,006\,51y^2$$

方程与数值计算结果的相关系数 $R^2 = 0.995\,9$，说明该曲面方程能够很好地模拟计算结果。

4 m 高箱基基础底面拟合沉降曲面如图4-6所示。

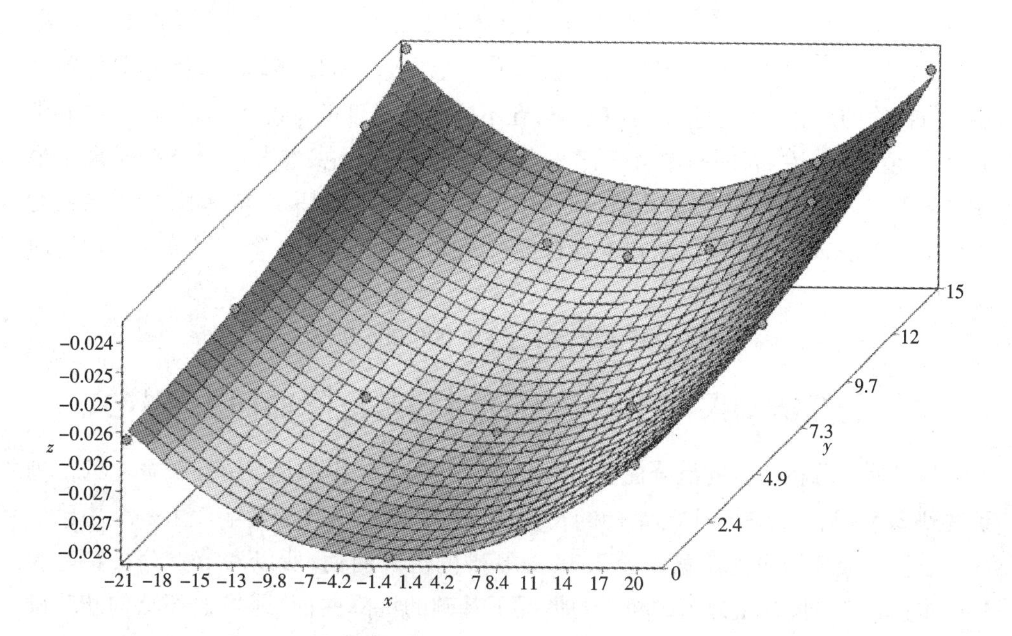

图4-6　4 m 高箱基基础底面位移沉降曲面拟合结果(m)

拟合出的曲面的各项系数为

$p_1 = -0.027\,6, p_2 = -4.68 \times 10^{-6}, p_3 = 4.67 \times 10^{-6}, p_4 = 8.23 \times 10^{-5},$

$p_5 = 6.43 \times 10^{-6}$

即拟合曲面方程为

$$z = -0.027\,6 - 0.000\,004\,68x + 0.000\,004\,67x^2 + 0.000\,082\,3y + 0.000\,006\,43y^2$$

方程与数值计算结果的相关系数 $R^2 = 0.997$，说明该曲面方程能够很好地模拟计算结果。

为方便分析，将各箱基高度对应的各项系数值汇总，如表4-2所示。

表 4-2 拟合方程各项系数值

方程系数	箱高 3 m	箱高 3.5 m	箱高 4 m
p_1	-0.028 9	-0.028	-0.027 6
p_2	-2.73×10^{-6}	-6.53×10^{-6}	-4.68×10^{-6}
p_3	5.12×10^{-6}	4.93×10^{-6}	4.67×10^{-6}
p_4	1.75×10^{-5}	2.04×10^{-5}	8.23×10^{-5}
p_5	6.97×10^{-6}	6.51×10^{-6}	6.43×10^{-6}

由二次抛物面的性质可知，抛物面的具体形状是由二次项的系数（即 p_3、p_5）决定的，常数项及一次项只决定其在空间中所处的位置。所以，确定 p_3 及 p_5 即可确定某一抛物面的形状。由表 4-2 可以看出，在不同箱基高度的情况下，p_3 及 p_5 的值差别不大，差值在 9% 左右，同时参考天津大学王蕾的研究结论，本书在反分析时采用最倾向于不安全的那个曲面，即箱高 3 m 时的曲面。最终得到采用箱基时，框剪结构的长宽比为 2.88 时，分析建筑物在本身自重荷载作用下的基础沉降时可普遍采用的曲面方程为

$$z=p_1+p_2x+0.000\ 005\ 12x^2+p_4y+0.000\ 006\ 97y^2 \tag{4-2}$$

4.2.2 上部结构采用不同长宽比时箱基沉降曲面方程模式

为了使正分析所得的沉降曲面方程更具一般性，本节将上部结构长宽比的范围扩展到 2.5 ~ 3，以此考察上部结构的长宽比变化对基础沉降的影响。上一节中已经详细分析了上部结构的长宽比为 2.88 时基础的沉降曲面，所以本节只分析箱基高 3 m 时上部结构长宽比为 2.5 和 3 的情况下基础的沉降曲面，即将上部结构和基础的平面尺寸变为 36.5 m × 14.6 m 及 43.8 m × 14.6 m，以此分析上部结构的长宽比为 2.5 ~ 3 时基础的沉降曲面模式。地基的平面尺寸为 126 m × 37.5 m，向下取 25 m，荷载为自重荷载。用 1stOpt15PRO 数据拟合软件拟合出的基础底面的沉降曲面如图 4-7 和图 4-8 所示。

长宽比为 3 时，拟合曲面方程为

$$z=-0.023\ 49-0.000\ 004\ 12x+0.000\ 005\ 29x^2+0.000\ 008\ 07y+0.000\ 007\ 12y^2 \tag{4-3}$$

方程与数值计算结果的相关系数 $R^2=0.979\ 9$，说明曲面方程能够很好地模拟计算结果。

长宽比为 2.5 时，拟合曲面方程为

$$z=-0.027\ 59-0.000\ 006\ 88x+0.000\ 004\ 96x^2+0.000\ 014\ 3y+0.000\ 006\ 89y^2 \tag{4-4}$$

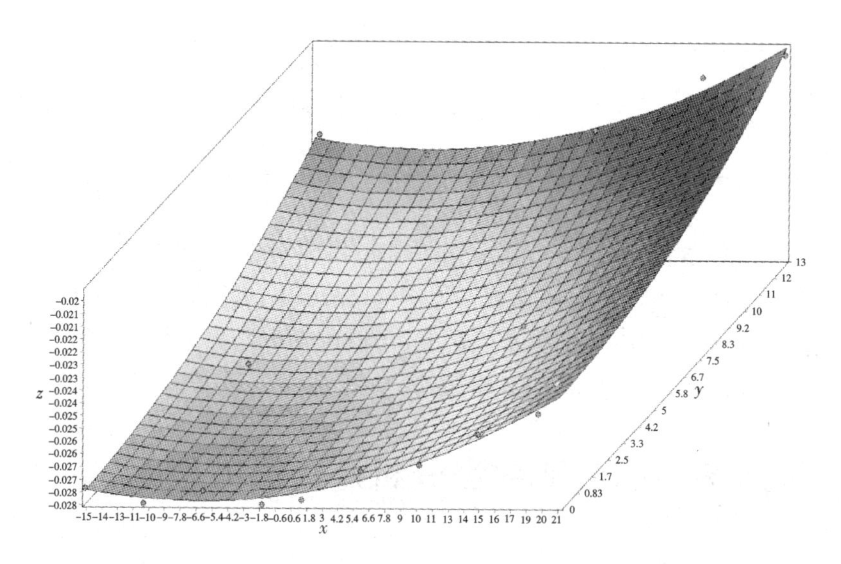

图 4-7　长宽比为 3 时箱形基础沉降曲面拟合结果(mm)

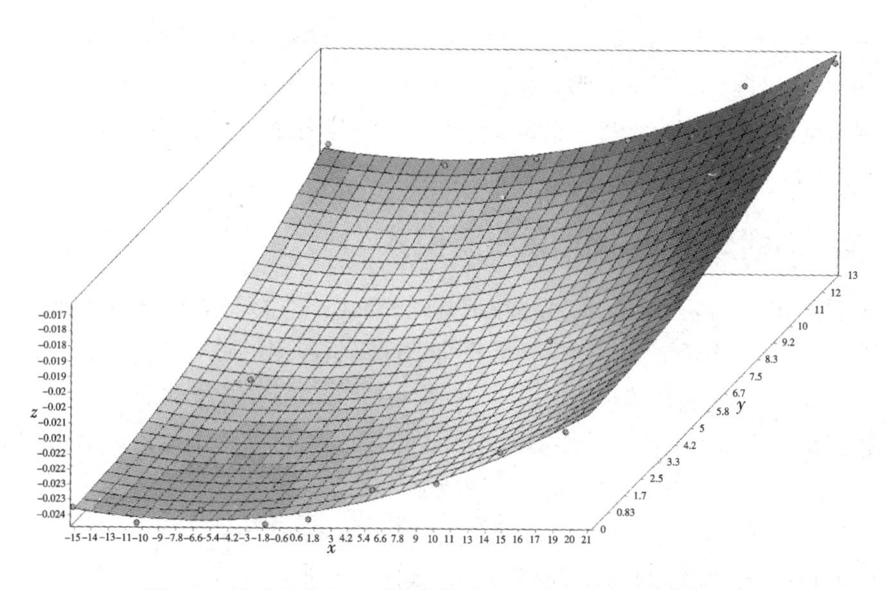

图 4-8　长宽比为 2.5 时箱形基础沉降曲面拟合曲面(mm)

方程与数值计算结果的相关系数 $R^2 = 0.967\ 3$,说明曲面方程能够很好地模拟计算结果。

为方便分析,将各长宽比对应的方程的二次项系数汇总,如表 4-3 所示。

表4-3　拟合方程各项系数值

方程系数	长宽比为2.5	长宽比为2.88	长宽比为3
p_3	4.96×10^{-6}	5.12×10^{-6}	5.29×10^{-6}
p_5	6.89×10^{-6}	6.97×10^{-6}	7.12×10^{-6}

由表4-3可以看出，在2.5～3的范围内，采用不同的长宽比时二次项系数差别不大，与长宽比为2.88时的沉降曲面方程(4-2)相比，p_3的差值在5%左右，p_5的差值在2%左右，抛物面的曲率差别很小。因此，可以以长宽比为2.88时的沉降曲面模式代表上部结构在长宽比为2.5～3时箱基的沉降曲面。

4.3　筏形基础的沉降数据分析及曲面方程确定

4.3.1　筏形基础尺寸确定

筏形基础通常做成整体钢筋混凝土板，为保证其具有适当的刚度，根据实践经验，一般按每层楼50～80 mm厚设定，所以根据本书选用的上部结构的实际情况，筏形地基厚度的取值范围为500～800 mm，为了方便对比，本书选择的筏基厚度分别为0.6 m、0.8 m和1 m，筏基的平面尺寸为42 m×14.6 m。

4.3.2　不同厚度筏基沉降曲面模式

根据ANSYS分析的自重荷载作用下基础的不均匀沉降计算结果，利用最小二乘法拟合原理，利用1stOpt15PRO拟合软件将不同筏板厚度的地基沉降值拟合出沉降曲面方程，为反分析提供依据。

根据结果云图中所显示的面的形式，沉降曲面大致可以看作抛物面，所以选择的沉降公式为

$$z=p_1+p_2x+p_3x^2+p_4y+p_5y^2$$

600 mm厚筏基基础底面沉降拟合曲面如图4-9所示。

拟合出的曲面的各项系数为

$$p_1=-0.0284,\ p_2=1.37\times10^{-5},\ p_3=6.36\times10^{-6},\ p_4=6.2\times10^{-4},$$
$$p_5=1.57\times10^{-5}$$

即拟合曲面方程为

$$z=-0.0284+0.0000137x+0.00000636x^2-0.00062y+0.0000157y^2$$

方程与数值计算结果的相关系数$R^2=0.93$，说明该曲面方程能够很好地模拟计算结果。

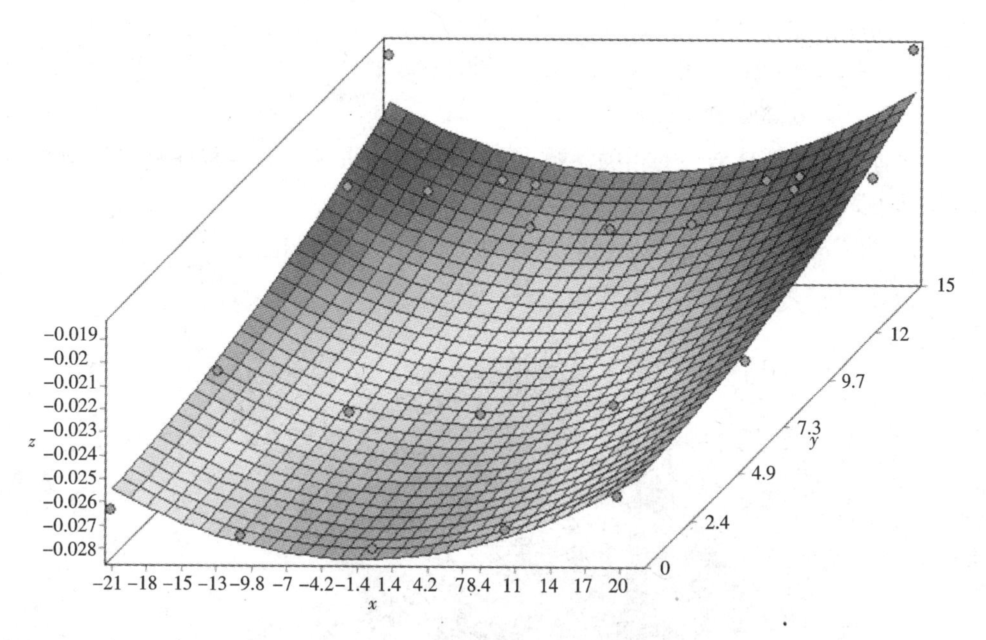

图 4-9　600 mm 厚筏基基础底面位移沉降曲面拟合结果(m)

800 mm 厚筏基基础底面沉降拟合曲面如 4-10 所示。

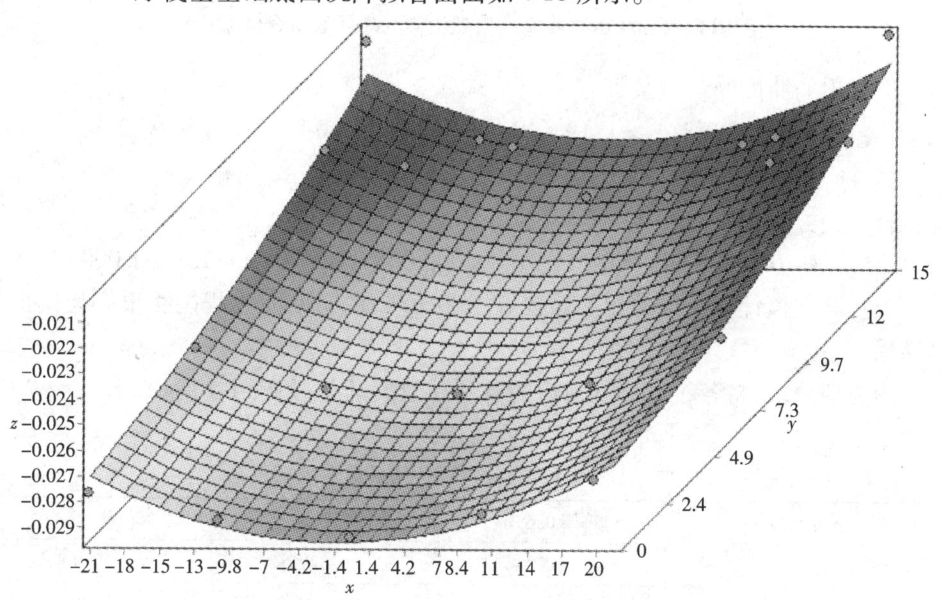

图 4-10　800 mm 厚筏基基础底面位移沉降曲面拟合结果(m)

拟合出的曲面的各项系数为

$p_1 = -0.0296$, $p_2 = 1.29\times10^{-5}$, $p_3 = 6.22\times10^{-6}$, $p_4 = 1.20\times10^{-4}$,

$p_5 = 1.44\times10^{-5}$

即拟合曲面方程为

$$z = -0.0296 + 0.0000129x + 0.00000622x^2 + 0.00012y + 0.0000144y^2$$

方程与数值计算结果的相关系数 $R^2 = 0.968$，说明该曲面方程能够很好地模拟计算结果。

1 000 mm 厚筏基基础底面沉降拟合曲面如图 4-11 所示。

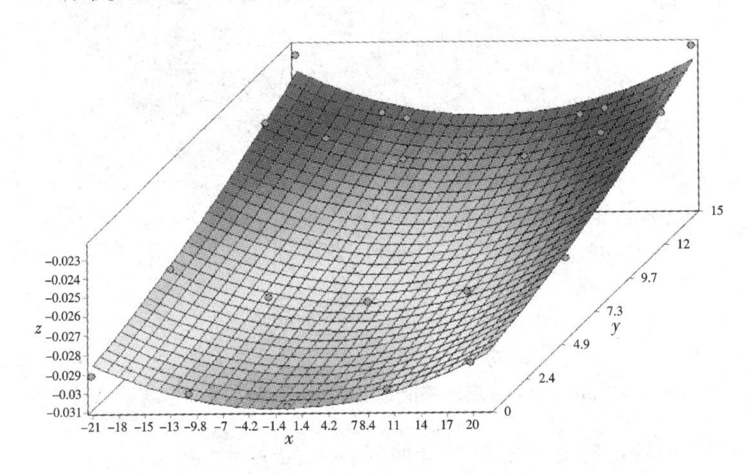

图 4-11 1 000 mm 厚筏基基础位移沉降曲面拟合结果(m)

拟合出的曲面的各项系数为

$$p_1 = -0.0308, p_2 = 1.19 \times 10^{-5}, p_3 = 5.82 \times 10^{-6}, p_4 = 1.50 \times 10^{-4}, p_5 = 1.29 \times 10^{-5}$$

即拟合曲面方程为

$$z = -0.0308 + 0.0000119x + 0.00000582x^2 + 0.00015y + 0.0000129y^2$$

方程与数值计算结果的相关系数 $R^2 = 0.984$，说明曲面方程能够很好地模拟计算结果。

为方便分析，将各筏基厚度对应的各项系数值汇总，如表 4-4 所示。

表 4-4 拟合方程各项系数值

方程系数	筏厚 0.6 m	筏厚 0.8 m	筏厚 1 m
p_1	−0.028 4	−0.029 6	−0.030 8
p_2	1.37×10^{-5}	1.29×10^{-5}	1.19×10^{-5}
p_3	6.36×10^{-6}	6.22×10^{-6}	5.82×10^{-6}
p_4	6.2×10^{-4}	1.20×10^{-4}	1.50×10^{-4}
p_5	1.57×10^{-5}	1.44×10^{-5}	1.29×10^{-5}

由二次抛物面的性质可知，抛物面的具体形状是由二次项的系数（即 p_3、p_5）决定的，常数项及一次项只决定其在空间中所处的位置。所以，确定 p_3 及 p_5 的值即可确定某一抛物面的形状。由表4-4可以看出，在每种筏基厚度的情况下，p_3 及 p_5 的差值在9%左右。参考天津大学王蕾的研究结论，为方便分析，本书在反分析时采用最倾向于不安全的那个曲面，即筏厚0.6 m时的曲面。最终得到采用筏基时，上部结构长宽比为2.88时，分析建筑物在本身自重荷载作用下的沉降时可普遍采用的沉降曲面方程为

$$z = p_1 + p_2 x + 0.000\,006\,36x^2 + p_4 y + 0.000\,015\,7y^2 \tag{4-5}$$

4.3.3 上部结构采用不同长宽比时筏基沉降曲面方程模式

为了使正分析所得的沉降曲面更具一般性，本节将上部结构长宽比的范围扩大到2.5~3，以此考察上部结构的长宽比对基础沉降的影响。4.2.1节中已经详细分析了上部结构的长宽比为2.88时基础的沉降曲面，所以本节只分析筏厚0.6 m时上部结构长宽比为2.5和3的情况下筏形基础的沉降曲面，即将上部结构和基础的平面尺寸分别变为36.5 m×14.6 m及43.8 m×14.6 m，以此分析上部结构的长宽比为2.5~3时基础的沉降曲面模式。地基的平面尺寸为126 m×37.5 m，向下取25 m，荷载为自重荷载。有限元具体分析过程如4.3.2节。用1stOpt15PRO数据拟合软件拟合出的基础的沉降曲面如图4-12和图4-13所示。

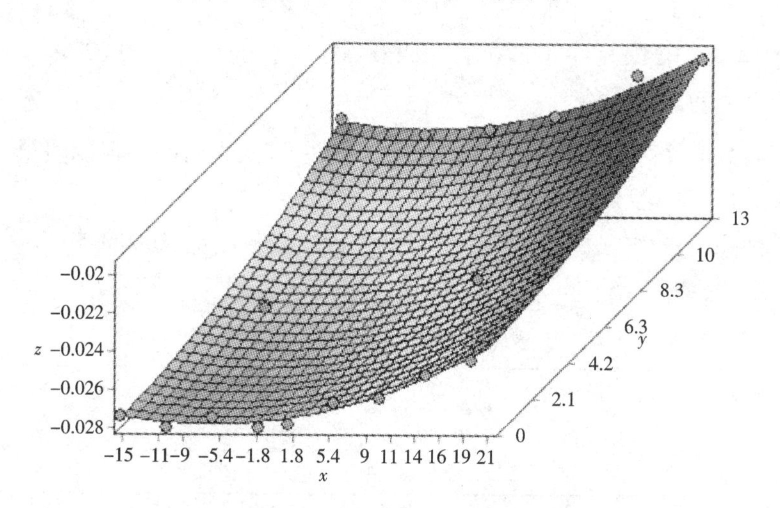

图4-12 长宽比为3时筏形基础沉降曲面拟合结果(mm)

长宽比为3时，拟合曲面方程为

$$z = -0.027\,59 + 0.000\,068\,84x + 0.000\,005\,49x^2 + 0.000\,014\,35y + 0.000\,018\,6y^2 \tag{4-6}$$

方程与数值计算结果的相关系数 $R^2 = 0.989\,6$，说明曲面方程能够很好地模拟计

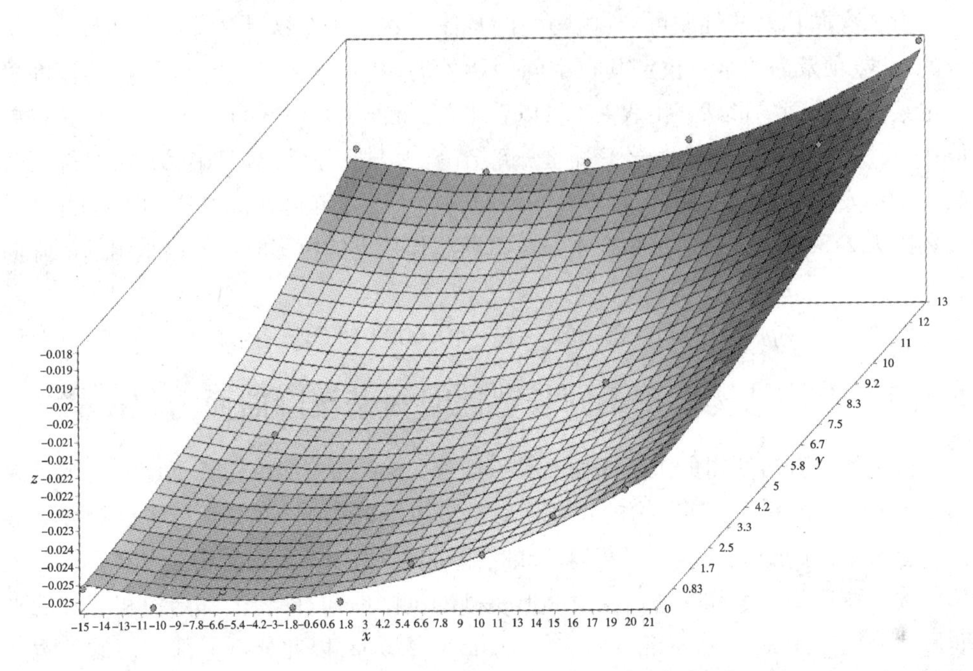

图 4-13 长宽比为 2.5 时筏形基础沉降曲面拟合结果(mm)

算结果。

长宽比为 2.5 时,拟合曲面方程为

$$z = -0.02481 + 0.00005131x + 0.00000595x^2 + 0.00002789y + 0.0000148y^2 \quad (4\text{-}7)$$

方程与数值计算结果的相关系数 $R^2 = 0.9659$,说明曲面方程能够很好地模拟计算结果。

为方便分析,将各长宽比对应的方程的二次项系数汇总,如表 4-5 所示。

表 4-5 拟合方程各项系数值

方程系数	长宽比为 2.5	长宽比为 2.88	长宽比为 3
p_3	5.95×10^{-6}	6.36×10^{-6}	5.49×10^{-6}
p_5	1.48×10^{-5}	1.57×10^{-5}	1.86×10^{-5}

由表 4-5 可以看出,在 2.5 ~ 3 的范围内,采用不同的长宽比时二次项系数差别不大,与长宽比为 2.88 时的沉降曲面方程(4-5)相比,p_3的差值在 7% 左右,p_5的差值在 15% 左右,抛物面的形状差别很小。因此,可以以长宽比为 2.88 时的沉降曲面模式代表上部结构在长宽比为 2.5 ~ 3 时筏基的沉降曲面。

4.4 建筑周边地基的沉降曲面方程

由于实际工程中该建筑物左边还有一幢相同的建筑，中间设有150 mm的沉降缝，在反分析时基础底面所加沉降位移必须是建筑物最终的实际沉降位移，所以理应将该建筑物由相邻建筑引起的附加沉降叠加到建筑物本身自重所引起的沉降上，得到建筑物最终实际的沉降曲面方程。因此，本节首先用ANSYS有限元软件计算出其左边建筑在自重荷载作用下在相关区域引起的地基沉降，然后选择几个具有代表性的点，对其沉降值用1stOpt15PRO数据拟合软件拟合出相似度较高的方程，得到建筑物自重荷载作用下的周边地基的沉降曲面方程模式，为以后的沉降叠加提供依据。

4.4.1 筏形基础建筑周边地基的沉降曲面方程模式

由4.3.2节可知，筏形基础的沉降曲面方程最终可以由筏厚为0.6 m时的基础沉降曲面方程确定，所以本节以0.6 m厚筏形基础为例，分析建筑物在自重荷载作用下引起的周边地区地基的沉降曲面。

由于现在只考虑在建筑物的左边有一幢建筑，所以在此只分析建筑物对右侧区域地基沉降的影响，其他区域与此类似。用ANSYS有限元软件计算所得的由于建筑物自重所引起的右侧地基的各点沉降值如表4-6所示。

表4-6　筏厚0.6 m时基础附加沉降值

坐标值			沉降值(m)
x(m)	y(m)	z(m)	
6.4	5.7	0	-0.003 83
1.6	5.7	0	-0.013 59
3.2	5.7	0	-0.008 93
4.8	5.7	0	-0.005 93
10.5	5.7	0	-0.000 88
7.8	5.7	0	-0.002 59
9.1	5.7	0	-0.001 58
0	5.7	0	-0.025 03
21	5.7	0	0.001 076
31.5	5.7	0	0.000 956
40.5	5.7	0	0.000 837
6.4	12.5	0	-0.002 86

续表

坐标值			沉降值(m)
x(m)	y(m)	z(m)	
1.6	12.5	0	-0.010 84
3.2	12.5	0	-0.007 14
4.8	12.5	0	-0.004 64
10.5	12.5	0	-0.000 49
7.8	12.5	0	-0.001 89
9.1	12.5	0	-0.001 09
0	12.5	0	-0.022 31
6.4	14.6	0	-0.002 12
1.6	14.6	0	-0.008 26
3.2	14.6	0	-0.005 56
4.8	14.6	0	-0.003 54
10.5	14.6	0	-0.000 17
7.8	14.6	0	-0.001 36
9.1	14.6	0	-0.000 67
0	14.6	0	-0.018 52
21	18.2	0	0.001 115 1
35.6	18.2	0	0.000 766 8
42	18.2	0	0.000 712 3
11.8	20.3	0	0.000 863 9
30.2	20.3	0	0.000 868
42	20.3	0	0.000 671 6

由表4-6可以看出，建筑物对其周边地区地基沉降的影响范围大概在10 m以内，10 m之外的区域地基沉降很小，为该区域最大沉降值的2%左右，可以忽略不计。所以计算附加沉降时，可以只叠加该建筑物左边、右边10 m区域内点的附加沉降。

对地基的沉降点数据进行筛选后，用1stOpt15PRO数据拟合软件拟合的沉降曲面如图4-14所示。

拟合曲面方程为

$$z=-0.2279+0.01543x-0.0002607x^2-0.0007250y+0.0051051y^2$$

方程与数值计算结果的相关系数$R^2=0.9449$，说明该曲面方程能够很好地模拟计算结果。

由二次抛物面的性质可知，抛物面的具体形状是由二次项系数(即p_3、p_5)决定

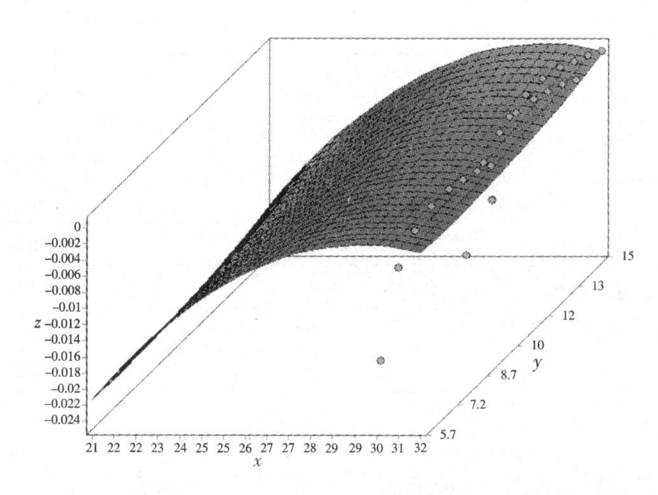

图 4-14　0.6 m 筏基时右侧地基沉降曲面拟合结果

的,常数项及一次项只决定其在空间中所处的位置。所以,确定 p_3 及 p_5 的值即可确定某一抛物面的形状。由 4.3.2 节可知,筏形基础的沉降曲面方程最终可以由0.6 m 筏厚时的基础沉降曲面方程确定,最终得到采用筏基时,框剪结构在长宽比为 2.88 的情况下,在建筑物的右侧区域计算地基沉降时可普遍采用的沉降曲面方程模式为

$$z = p_1 + p_2 x - 0.000\,260\,7x^2 + p_4 y + 0.005\,105\,1y^2 \tag{4-8}$$

4.4.2　箱形基础建筑周边地基的沉降曲面方程模式

由 4.2.1 节可知,箱形基础的沉降曲面方程最终可以由 3 m 箱高时的基础沉降曲面方程确定,所以本节以 3 m 高箱形基础为例,分析建筑物在自重荷载作用下引起的周边地区地基的沉降曲面。

由于仅考虑在建筑物的左边有一幢建筑,所以仅分析建筑物对右侧区域地基沉降的影响,其他区域与此类似。用 ANSYS 有限元软件计算所得的建筑物自重引起的右侧地基各点的沉降值如表 4-7 所示。

表 4-7　箱高 3 m 时基础附加沉降值

坐标值			沉降值(m)
x(m)	y(m)	z(m)	
6.4	18.2	0	-0.000 745 41
1.6	18.2	0	-0.003 527 7
3.2	18.2	0	-0.002 354 2
4.8	18.2	0	-0.001 482 6
10.5	18.2	0	0.000 416 42

续表

坐标值			沉降值(m)
x(m)	y(m)	z(m)	
6.4	20.3	0	-0.000 044 942
1.6	20.3	0	-0.001 791 5
3.2	20.3	0	-0.001 040 1
4.8	20.3	0	-0.000 522 88
10.5	20.3	0	0.000 714 66
7.8	20.3	0	0.000 243 89
6.4	5.7	0	-0.005 625 1
1.6	5.7	0	-0.017 654
3.2	5.7	0	-0.012 554
4.8	5.7	0	-0.008 437 6
10.5	5.7	0	-0.001 478 5
0	20.3	0	-0.004 151 9
11.8	20.3	0	0.000 876 15
30.2	20.3	0	0.001 030 1
42	20.3	0	0.000 783
0	18.2	0	-0.007 581 7
6.4	18.2	0	-0.001 601 6
21	18.2	0	0.001 326 4
35.6	18.2	0	0.000 898 64
42	18.2	0	0.000 828 26
0	5.7	0	-0.025 319
10.5	5.7	0	-0.001 478 5
21	5.7	0	0.001 219 7
31.5	5.7	0	0.001 088 3
40.5	5.7	0	0.000 928 68

由表 4-7 可以看出,建筑物对其周边地区地基沉降的影响范围大概在 10 m 以内,10 m 以外的区域地基沉降很小,为该区域最大沉降值的 2% 左右,可以忽略不计。所以计算附加沉降时,可以只叠加该建筑物左边、右边 10 m 区域内点的附加沉降。

对地基沉降点的数据进行筛选后,用 1stOpt15PRO 数据拟合软件拟合的沉降曲面如图 4-15 所示。

拟合曲面方程为

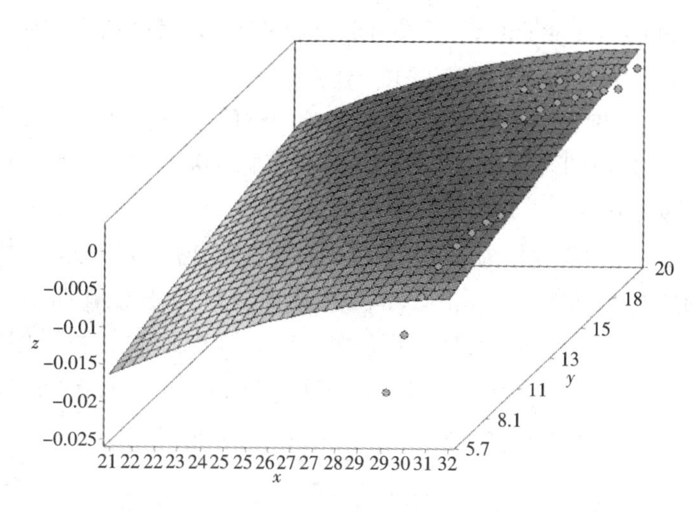

图4-15　3 m高箱基时右侧地基沉降曲面拟合结果

$$z = -0.0983 + 0.00547x - 0.0000854x^2 + 0.00090996y - 0.0000109y^2$$

方程与数值计算结果的相关系数 $R^2 = 0.7557$，说明该曲面方程能够很好地模拟计算结果。

由二次抛物面的性质可知，抛物面的具体形状是由二次项系数（即 p_3、p_5）决定的，常数项及一次项只决定其在空间中所处的位置。所以，确定 p_3 及 p_5 的值即可确定某一抛物面的形状。由4.2.1节可知，箱形基础的沉降曲面方程最终可以由3 m箱高时的基础沉降曲面方程确定，最终得到采用箱基时，框剪结构在长宽比为2.88的情况下，在建筑物的右侧区域计算地基沉降时可普遍采用的沉降曲面方程模式为

$$z = p_1 + p_2x - 0.0000854x^2 + p_4y - 0.0000109y^2 \tag{4-9}$$

4.5　本章小结

本章利用ANSYS有限元软件和1stOpt15PRO数据拟合软件，通过对一高层框剪结构在考虑结构—基础—地基共同作用情况下的沉降分析，得到以下一些结论。

（1）在考虑结构—基础—地基共同作用的情况下，箱形基础和筏形基础底面的位移沉降曲面类似，呈下凹形，都可采用抛物线进行拟合，只是在曲率大小上有差异。

（2）在框剪结构的长宽比为2.5~3、同种基础类型的情况下，变换同一基础参数对基础沉降曲面方程的影响不大，都是抛物面的形式，只是在曲率上有差异，且差值很小，可忽略不计。因此，分析建筑物在本身自重荷载作用下的沉降时，可采用同类基础变换同一参数的过程中最倾向于不安全的那个拟合曲面方程模式。就本书来说，对于箱形基础，可采用3 m箱高时的沉降曲面方程模式为 $z = p_1 + p_2x + 0.00000512x^2$

$+p_4y+0.00000697y^2$；对于筏基，可采用0.6 m筏厚时的沉降曲面方程模式为$z=p_1+p_2x+0.00000636x^2+p_4y+0.0000157y^2$。

(3)随着筏板厚度和箱基高度的增加，基础的整体沉降和差异沉降都减小，差异沉降的减小较明显些；同时可以看出箱基的整体沉降和差异沉降明显小于筏基，说明箱基的整体性较筏基好。

(4)在框剪结构的长宽比为2.88、只考虑自重荷载作用的情况下，建筑物在其右侧区域引起的地基沉降曲面大致相似，都为抛物面的形式，只是在曲率上有些差异。就本书而言，对于筏基，分析建筑物在其右侧区域的地基沉降时，可采用的曲面方程模式为$z=p_1+p_2x-0.0002607x^2+p_4y+0.0051051y^2$；对于箱基，可采用的曲面方程模式为$z=p_1+p_2x-0.0000854x^2+p_4y-0.0000109y^2$。

第5章　地基不均匀沉降对框架结构影响的反分析研究

本章以上部框架结构、桩基础、天津市典型软土地基为分析对象，进行地基不均匀沉降对上部结构影响的反分析研究，分析上部结构的附加轴力、附加剪力、附加弯矩等的变化规律，为系统地分析沉降对结构的影响提供依据。

5.1　实际地基不均匀沉降对上部结构影响的反分析研究

本书把上部框架结构和桩基作为一个整体，在基础底面强行施加地基不均匀沉降进行反分析研究。反分析研究计算模型简图如图5-1所示。

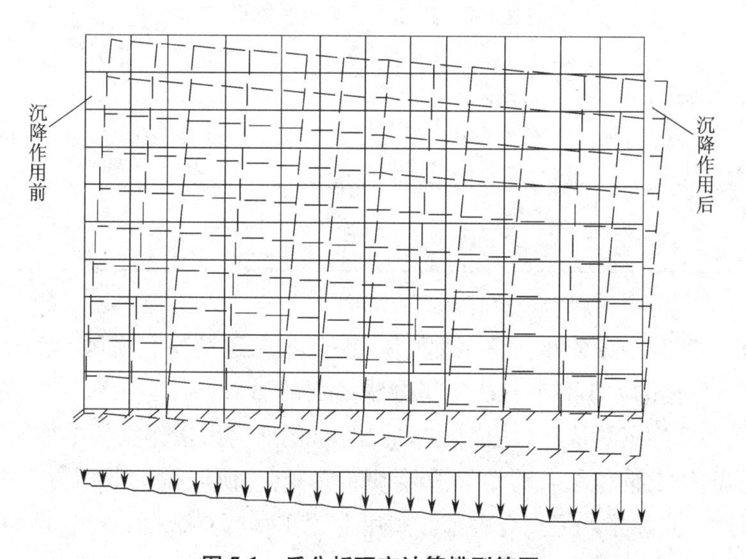

图5-1　反分析研究计算模型简图

首先确定建筑物实际地基不均匀沉降曲面方程，由第4章分析知，以考虑共同作用整体建模正分析得出的反映沉降趋势的二次项系数为基础，建筑物的实际测点沉降数据作为边界条件修正，拟合的曲面方程能够较好地模拟建筑物的实际沉降。设建筑物实际沉降曲面基本方程为$z=a_1+a_2x+a_3y+a_4x^2+a_5y^2$。

实际工程建筑物长宽比为3~4，系数a_4、a_5与筏板厚度H的线性关系如下，$a_4=-1\times10^{-6}H+1\times10^{-5}$，相关系数$R^2=0.984$；$a_5=-4\times10^{-5}H+7\times10^{-5}$，相关系数$R^2=0.985$。本建筑物长宽比为3.5，桩长为20 m，筏板厚度为0.9 m，利用系数a_4、

a_5 与建筑物筏板厚度 H 的线性公式得 $a_4=9.1\times10^{-6}$，$a_5=3.4\times10^{-5}$。

建筑物的实际测点数为10个，测点的布置如图5-2所示，实测沉降值如表5-1所示。

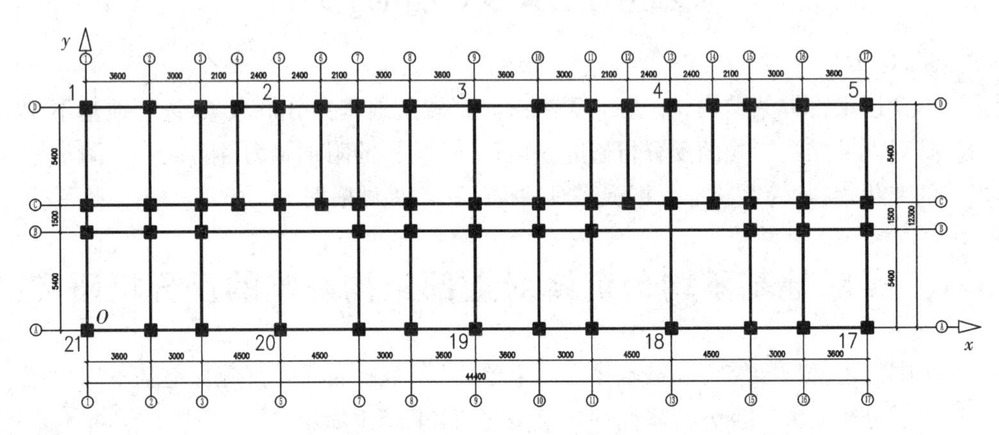

图5-2 实际工程测点布置图

表5-1 实测沉降值

测点	1	2	3	4	5
实测值(mm)	-21.95	-22.95	-23.95	-24.95	-25.95
测点	21	20	19	18	17
实测值(mm)	-22.85	-23.85	-24.84	-25.85	-26.85

建筑物的实际测点分布在建筑物周围，即分布在建筑物底面抛物沉降曲面的边缘，实际测点数据的大小和变化决定了抛物曲面的边界条件。由于实际测点数据反映的是建筑物实际沉降情况，是建筑物所处环境的所有因素作用的结果，其大小和变化影响抛物面的上下和左右移动等边界条件的变化，所以抛物曲面方程的系数 a_1、a_2、a_3 可以通过实际测点来拟合确定。利用上述实际测点数据拟合实际沉降抛物曲面方程 $z=a_1+a_2x+a_3y+9.1\times10^{-6}\times x^2+3.4\times10^{-5}\times y^2$，确定方程系数 $a_1=-2.06\times10^{-2}$，$a_2=-4.94\times10^{-4}$，$a_3=-3.45\times10^{-4}$。

本节主要进行地基不均匀沉降对上部结构影响的反分析研究，分析上部结构的附加轴力和附加剪力、梁的附加弯矩、柱的附加弯矩等的变化规律。在全部荷载(恒荷载(自重)+活荷载(2.0 kN/m^2))和风荷载作用下，用假定基础为固端的计算方法分析上部结构轴力、剪力和弯矩等的变化规律，并与反分析研究的上部结构的附加内力进行对比。

1. 上部结构的附加轴力

对图5-3进行分析，柱的附加轴力从顶层至底层越来越大，角柱和边柱附加轴力与原柱轴力方向一致，内柱附加轴力与原柱轴力方向相反，出现“角边柱增荷，内柱卸载”的现象，这是由地基不均匀沉降“中间大边缘小”引起的。对图5-4进行分析，柱的轴力从顶层至底层越来越大，分布较均匀，轴力最大值发生在内柱底层。角柱：附加轴力最大值为0.50 $\times 10^3$ kN，假定基础为固端的轴力最大值为1.05 $\times 10^3$ kN，增加幅度为47.6%。内柱：附加轴力最大值为 -0.33×10^3 kN，假定基础为固端的轴力最大值为1.47 $\times 10^3$ kN，降幅为22.4%。

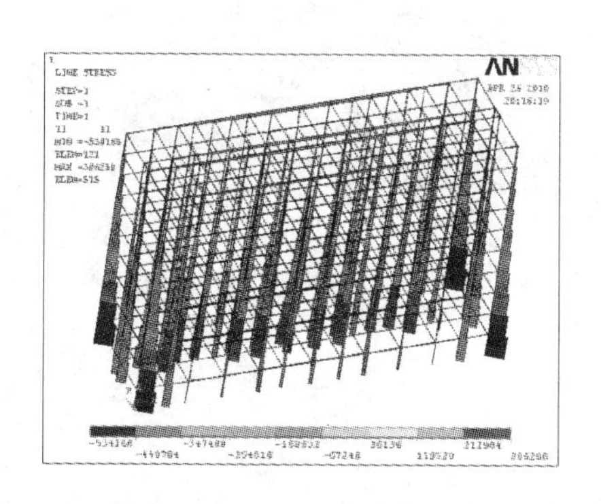

图5-3　上部结构的附加轴力图

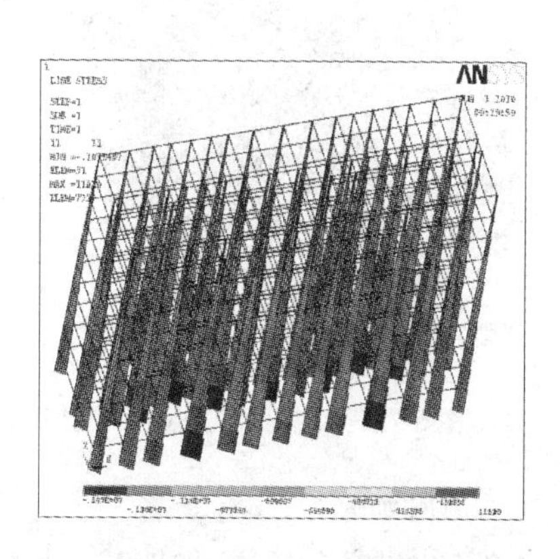

图5-4　上部结构的轴力图

2. 上部结构的附加剪力

对图5-5进行分析，施加地基不均匀沉降后，上部结构产生了显著的附加剪力，随着层数增高逐渐变小；沿长跨方向两端产生的附加剪力较大而中间较小，附加剪力最大值发生在底层。对图5-6进行分析，上部结构的剪力分布较均匀，剪力最大值发生在顶层。上部结构的附加剪力最大值为83.5 kN，假定基础为固端的剪力最大值为486.8 kN，增幅为17.1%。

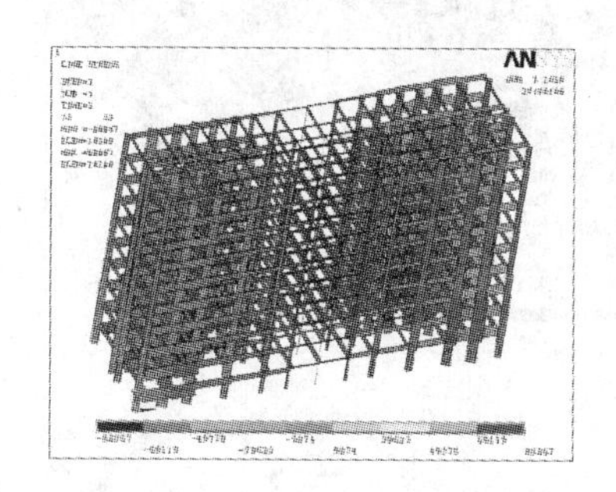

图5-5　上部结构的附加剪力图

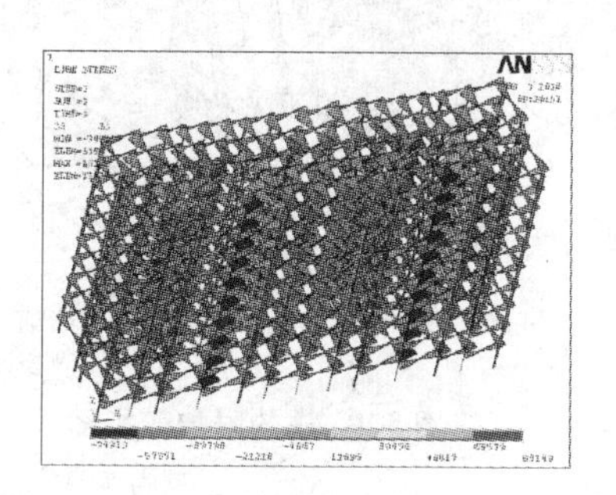

图5-6　上部结构的剪力图

3. 梁的附加弯矩

对图5-7进行分析，施加地基不均匀沉降后，梁端产生了显著的附加弯矩，随着层数增高逐渐变小，梁的附加弯矩最大值发生在底层梁柱交接处。对图5-8进行分析，梁的弯矩上下层之间变化不大，梁的弯矩最大值发生在大跨梁上。梁的附加弯矩最大值为90.8 kN · m，假定基础为固端的梁弯矩最大值为860.4 kN · m，增幅为10.5%。

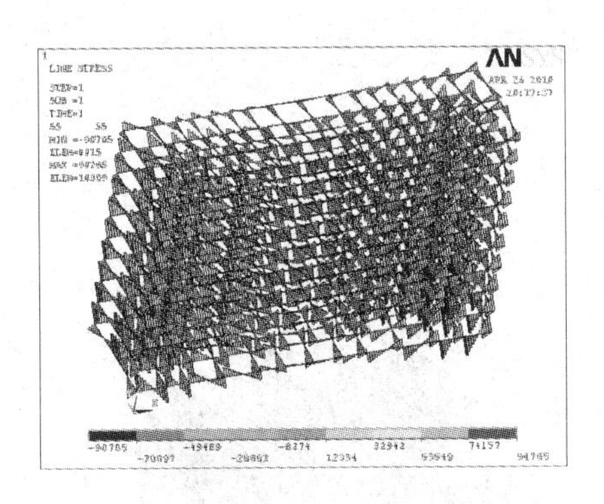

图5-7　梁的附加弯矩图

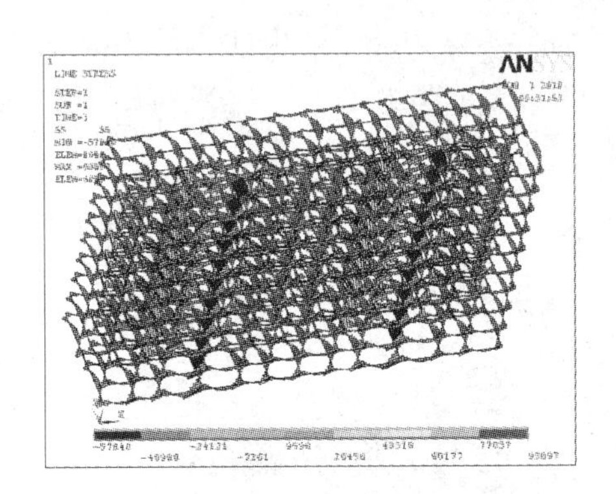

图5-8　梁的弯矩图

4. 柱的附加弯矩

对图5-9进行分析，施加地基不均匀沉降后，柱产生了显著的附加弯矩，随着层数增高逐渐变小；沿长跨方向两端产生的附加弯矩较大而中间较小，柱的附加弯矩最大值发生在底层。对图5-10进行分析，柱的弯矩分布较均匀，弯矩最大值发生在顶层。柱的附加弯矩最大值为88.6 kN · m，假定基础为固端的柱弯矩最大值为740.2 kN · m，增幅为11.9%。

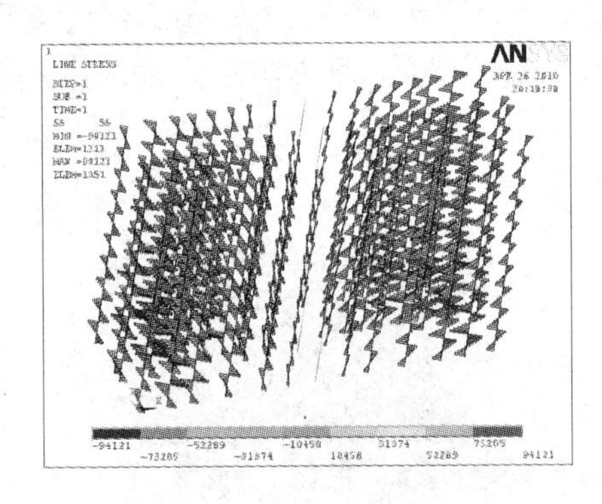

图5-9　柱的附加弯矩图

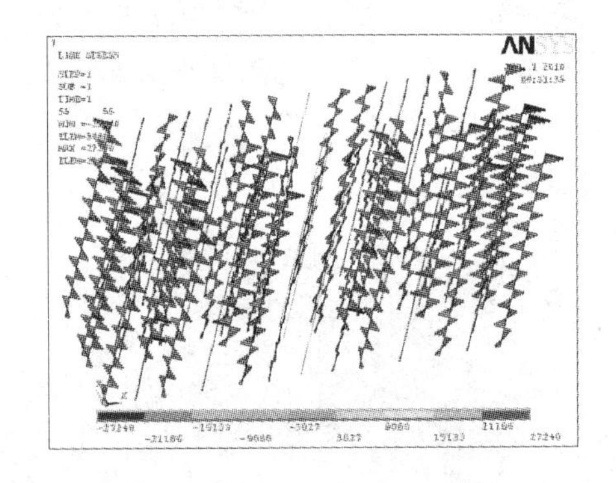

图5-10　柱的弯矩图

5. 小结

通过进行实际地基不均匀沉降对上部结构影响的反分析研究，分析上部结构的附加轴力、附加剪力、梁的附加弯矩和柱的附加弯矩的变化规律，并与假定基础为固端计算的上部结构的内力进行对比，结论如下。

(1)地基不均匀沉降作用下，产生较大的附加轴力，角柱和边柱轴力增大，内柱出现卸载现象，尤其角柱变化显著，结构设计中可通过加强角柱防止破坏。

(2)地基不均匀沉降作用下，产生较大的上部结构的附加剪力、梁和柱的附加弯矩，附加内力最大值发生在底层，在结构设计中应该引起重视。

5.2　对比不同实际沉降差对上部结构影响的反分析研究

以上面实际地基不均匀沉降差为4 mm的沉降数据为基础，测点数目和布置不变，变换沉降差分别为2 mm和8 mm，用与上面沉降差为4 mm相同的步骤拟合曲面方程如下。

(1)沉降差为2 mm的实际沉降曲面方程为

$$z=-2.06\times10^{-2}-4.49\times10^{-4}x-4.26\times10^{-4}y+9.1\times10^{-6}x^2+3.4\times10^{-5}y^2$$

(2)沉降差为4 mm的实际沉降曲面方程为

$$z=-2.06\times10^{-2}-4.94\times10^{-4}x-3.45\times10^{-4}y+9.1\times10^{-6}x^2+3.4\times10^{-5}y^2$$

(3)沉降差为8 mm的实际沉降曲面方程为

$$z=-2.06\times10^{-2}-5.84\times10^{-4}x-2.64\times10^{-4}y+9.1\times10^{-6}x^2+3.4\times10^{-5}y^2$$

进行实际地基不均匀沉降对上部结构影响的反分析研究，在上部结构、基础和地基不变的情况下，实际不均匀沉降差分别为2 mm、4 mm和8 mm时，强行在基础底面施加不同沉降差对应的实际沉降曲面方程，对比分析上部结构的附加轴力和附加剪力、梁的附加弯矩、柱的附加弯矩的变化规律。

1. 对比上部结构的附加轴力

对图5-11和图5-12进行分析，附加轴力从上至下逐层增大，角柱和边柱轴力增大，内柱出现卸载的现象，这是由地基不均匀沉降“中间大边缘小”引起的，整个结构附加轴力的最大值发生在底层柱的端部。沉降差为2 mm的上部结构附加轴力最大值为0.49×10^3 kN，沉降差为8 mm的上部结构附加轴力最大值为0.52×10^3 kN，得出增加沉降差会增大上部结构的附加轴力。

2. 对比上部结构的附加剪力

对图5-13和图5-14进行分析，施加地基不均匀沉降后，上部结构产生了显著的附加剪力，随着层数增高逐渐变小；沿长跨方向两端产生的附加剪力较大而中间较小，附加剪力最大值发生在底层。沉降差为2 mm的上部结构附加剪力最大值为77.4 kN，沉降差为8 mm的上部结构附加剪力最大值为89.8 kN，得出随着沉降差的增加上部结构的附加剪力增大。

3. 对比梁的附加弯矩

对图5-15和图5-16进行分析，梁的附加弯矩很大，甚至发生变号，与常规设计

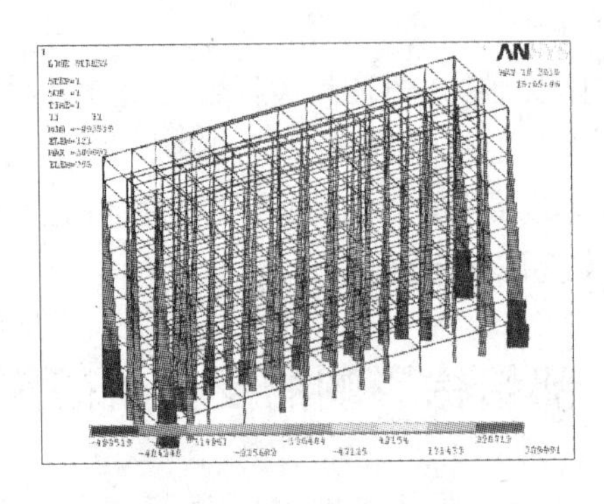

图 5-11　上部结构的附加轴力图
(沉降差 2 mm)

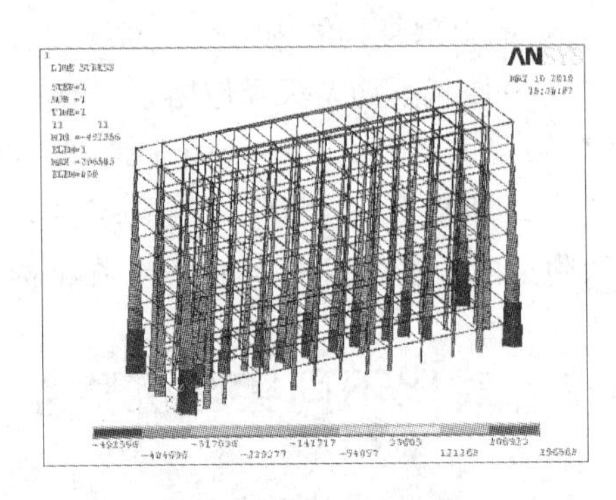

图 5-12　上部结构的附加轴力图
(沉降差 8 mm)

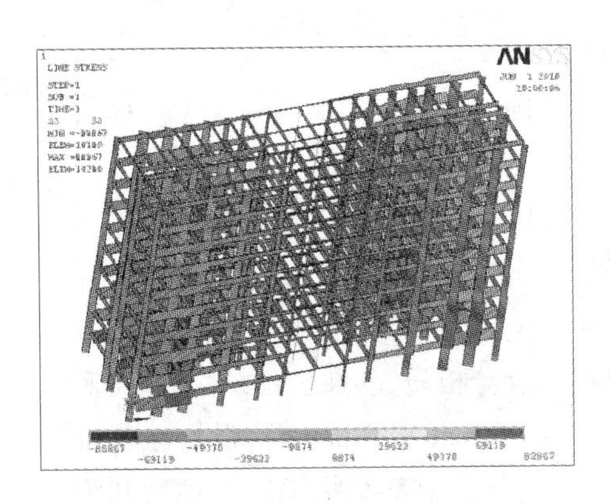

图 5-13　上部结构的附加剪力图
(沉降差 2 mm)

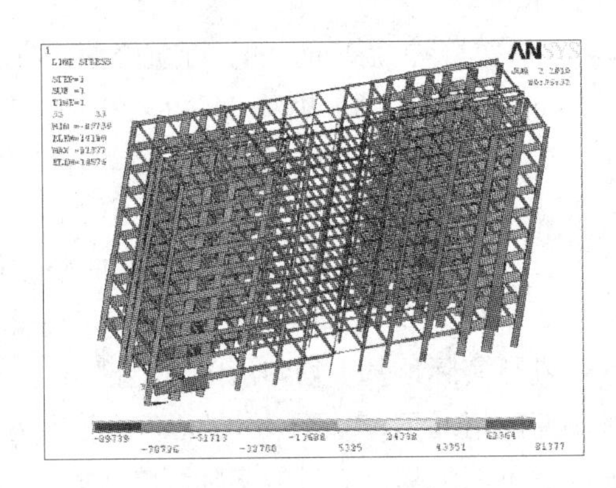

图 5-14　上部结构的附加剪力图
(沉降差 8 mm)

方法弯矩最大值发生在顶层不同,整个结构附加弯矩的最大值发生在底层。沉降差为 2 mm 梁的附加弯矩最大值为 87.2 kN · m,沉降差为 8 mm 梁的附加弯矩最大值为 95.9 kN · m,得出增加沉降差会增大梁的附加弯矩。

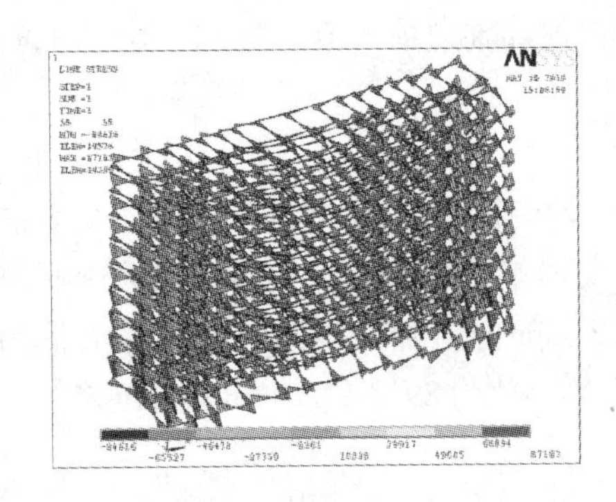

图 5-15　梁的附加弯矩图(沉降差 2 mm)

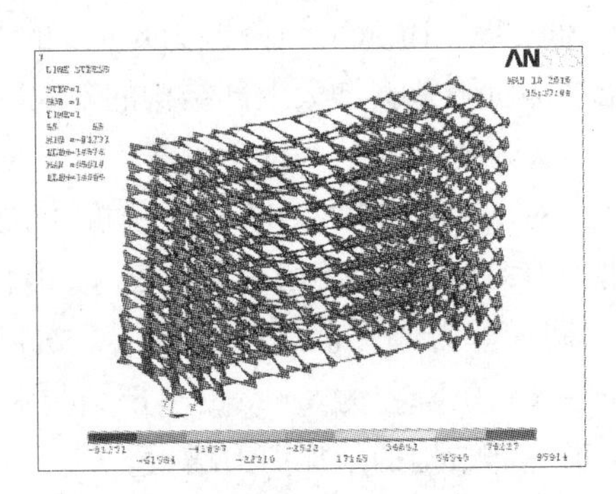

图 5-16　梁的附加弯矩图(沉降差 8 mm)

4. 对比柱的附加弯矩

对图 5-17 和图 5-18 进行分析，柱产生了显著的附加弯矩，随着层数增高逐渐变小；沿长跨方向两端产生的附加弯矩较大而中间较小，柱的附加弯矩最大值发生在底层。沉降差为 2 mm 柱的附加弯矩最大值为 85.7 kN · m，沉降差为 8 mm 柱的附加弯矩最大值为 93.9 kN · m，得出增加沉降差会增大柱的附加弯矩。

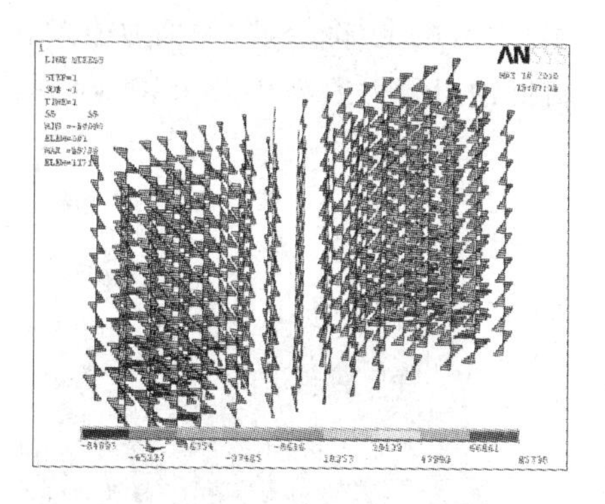

图 5-17　柱的附加弯矩图（沉降差 2 mm）

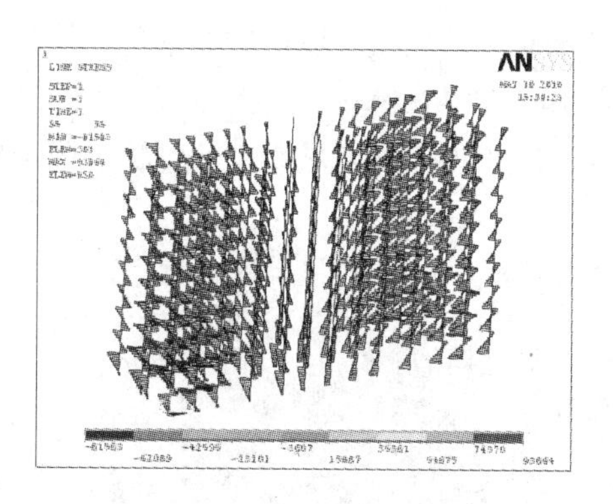

图 5-18　柱的附加弯矩图（沉降差 8 mm）

5. 小结

通过进行实际地基不均匀沉降对上部结构影响的反分析研究，对比不均匀沉降差分别为 2 mm、4 mm 和 8 mm 时，上部结构的附加轴力和附加剪力、梁的附加弯矩、柱的附加弯矩随沉降差的变化规律如表 5-2 所示。

表 5-2　上部结构的附加内力随沉降差的变化规律

不同沉降差	地基不均匀沉降对上部结构产生的附加内力				
	角柱轴力(kN)	内柱轴力(kN)	剪力(kN)	梁弯矩(kN · m)	柱弯矩(kN · m)
0.2 mm	490	310	77.4	87.2	85.7
0.4 mm	500	330	83.5	90.8	88.6
0.8 mm	520	350	89.8	95.9	93.9

分析表 5-2 中上部结构的附加内力随沉降差的变化规律，得出如下结论：随着沉降差增加，上部结构的角柱和内柱的附加轴力、上部结构的附加剪力、梁的附加弯矩和柱的附加弯矩整体上逐渐增大，且上部结构的附加弯矩和附加剪力的增幅较大。

5.3　对比不同筏板厚度对上部结构影响的反分析研究

本节重点分析上部结构、地基和桩长不变，在同一实际不均匀沉降差为 4 mm 作用下,筏板厚度分别为0.6 m、0.9 m、1.2 m和1.5 m时,对比分析上部结构的附加轴力和附加剪力、梁的附加弯矩、柱的附加弯矩的变化规律。

1. 对比上部结构的附加轴力

对图5-19和图5-20进行分析,轴力逐层增大,角柱和边柱的轴力增大,内柱出现卸载的现象,这是由地基不均匀沉降"中间大边缘小"引起的,整个结构的附加轴力的最大值发生在底层柱的端部。筏板厚度为0.6 m的上部结构附加轴力最大值为0.59×10^3 kN,筏板厚度为1.5 m的上部结构附加轴力最大值为0.38×10^3 kN,得出增加筏板厚度能够减小上部结构的附加轴力。

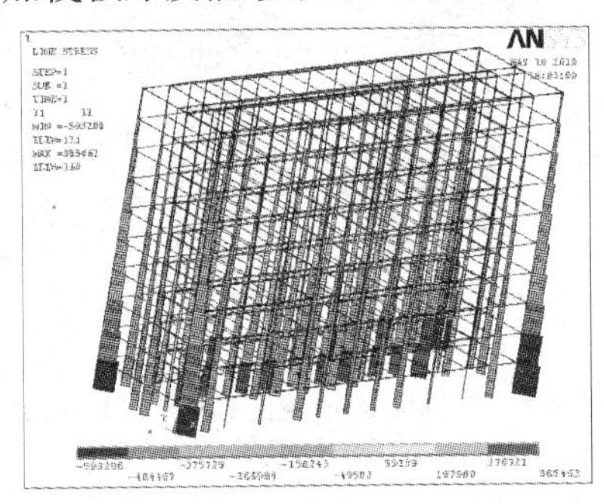

图5-19 上部结构的附加轴力图（筏板厚0.6 m）

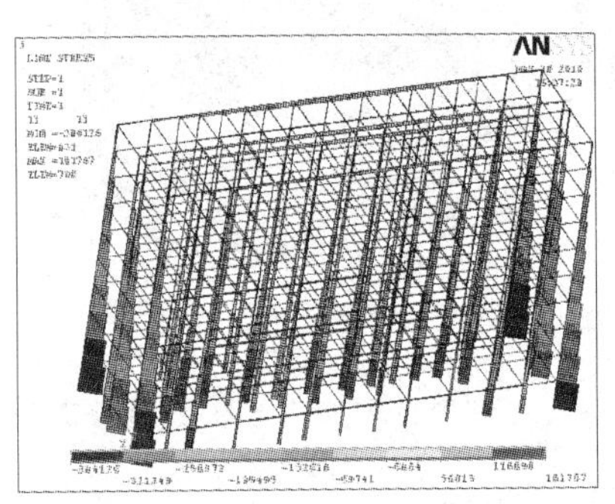

图5-20 上部结构的附加轴力图（筏板厚1.5 m）

2. 对比上部结构的附加剪力

对图5-21和图5-22进行分析,施加地基不均匀沉降后,上部结构产生了显著的附加剪力,随着层数增高逐渐变小;沿长跨方向两端产生的附加剪力较大而中间较小,附加剪力最大值发生在底层。筏板厚度为0.6 m的上部结构附加剪力最大值为94.3 kN,筏板厚度为1.5 m的上部结构附加剪力最大值为77.3 kN,得出随着筏板厚度的增加上部结构的附加剪力减小。

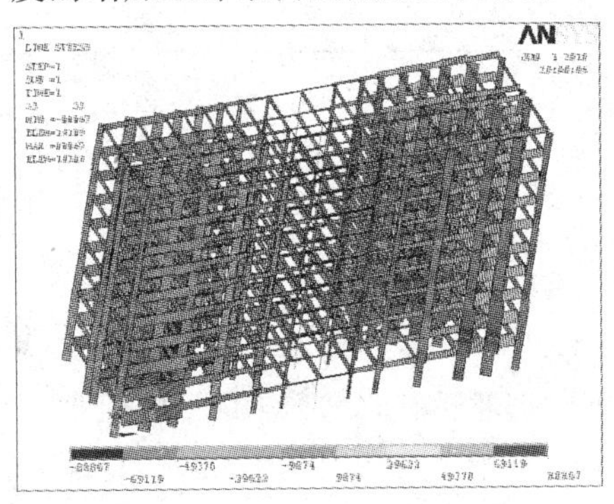

图5-21 上部结构的附加剪力图（筏板厚0.6 m）

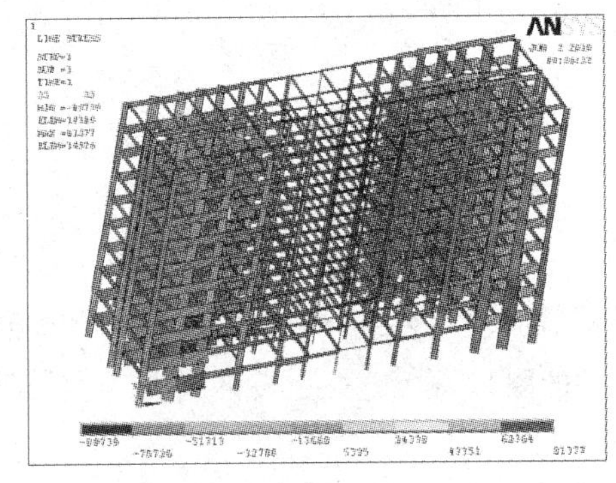

图5-22 上部结构的附加剪力图（筏板厚1.5 m）

3. 对比梁的附加弯矩

对图5-23和图5-24进行分析，梁的附加弯矩很大，甚至发生变号，与常规设计方法的弯矩最大值发生在顶层不同，整个结构附加弯矩的最大值发生在底层。筏板厚度为0.6 m梁的附加弯矩最大值为92.4 kN · m，筏板厚度为1.5 m梁的附加弯矩最大值为83.9 kN · m，得出增加筏板厚度会减小梁的附加弯矩。

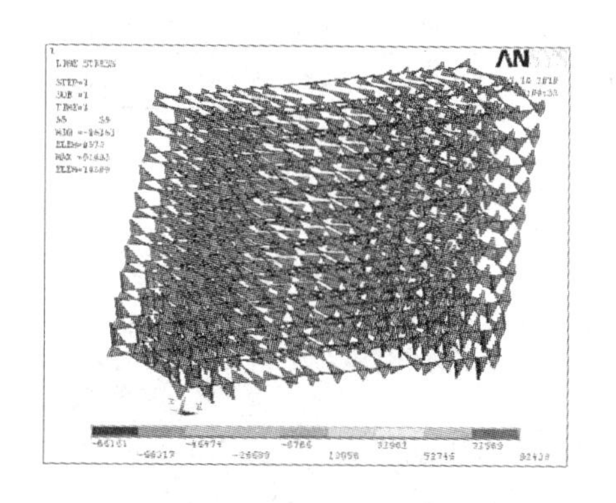

图5-23　梁的附加弯矩图（筏板厚0.6 m）

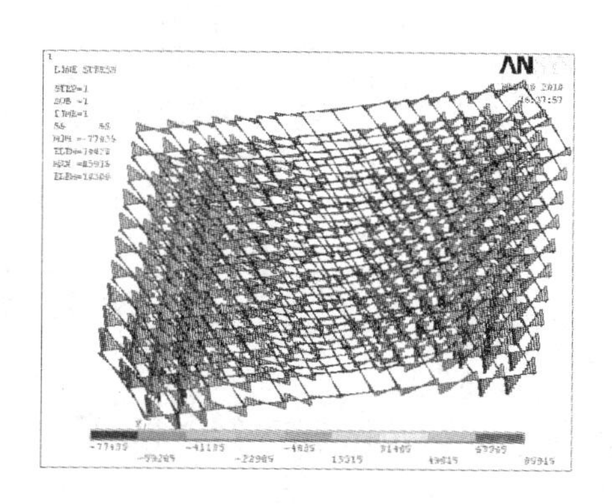

图5-24　梁的附加弯矩图（筏板厚1.5 m）

4. 对比柱的附加弯矩

对图5-25和图5-26进行分析，柱的附加弯矩很大，甚至发生变号，柱的附加弯矩随着层数增高逐渐减小，沿建筑物长跨方向，两端产生的附加弯矩较大而中间较小，柱的附加弯矩最大值发生在底层。筏板厚度为0.6 m柱的附加弯矩最大值为91.4 kN · m，筏板厚度为1.5 m柱的附加弯矩最大值为81.5 kN · m，得出增加筏板厚度会减小柱的附加弯矩。

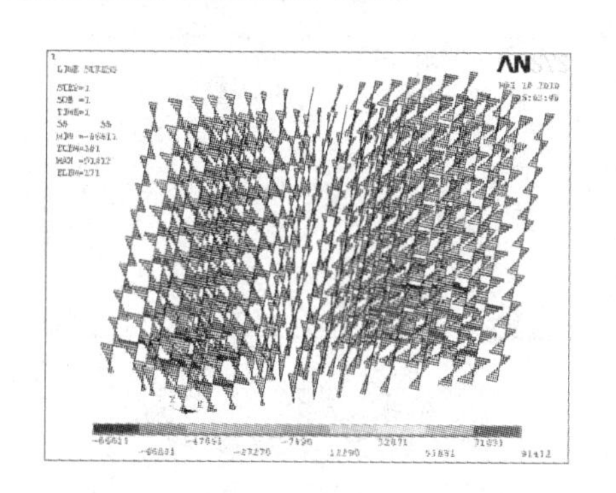

图5-25　柱的附加弯矩图（筏板厚0.6 m）

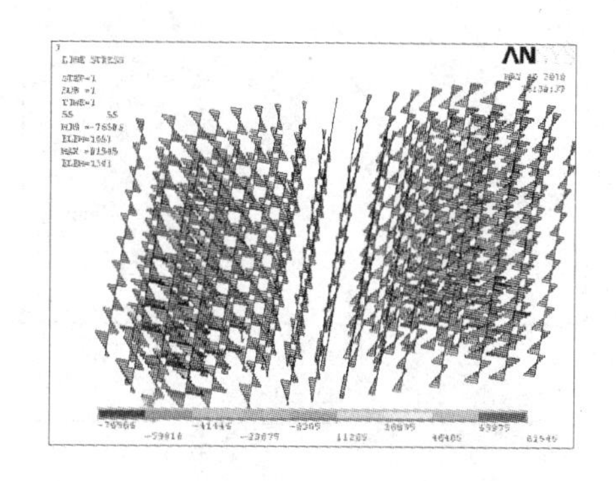

图5-26　柱的附加弯矩图（筏板厚1.5m）

5. 小结

通过进行实际地基不均匀沉降对上部结构影响的反分析研究，对比筏板厚度分别为0.6 m、0.9 m、1.2 m和1.5 m时，上部结构的附加轴力和附加剪力、梁的附加弯矩、柱的附加弯矩随筏板厚度的变化规律如表5-3所示。

表 5-3　上部结构的附加内力随筏板厚度的变化规律

不同筏板厚度	地基不均匀沉降对上部结构产生的附加内力				
	角柱轴力(kN)	内柱轴力(kN)	剪力(kN)	梁弯矩(kN·m)	柱弯矩(kN·m)
0.6 m	590	390	94.3	92.4	91.4
0.9 m	500	330	83.5	90.8	88.6
1.2 m	430	250	81.1	85.8	83.2
1.5 m	380	180	77.3	83.9	81.5

分析表 5-3 中上部结构的附加内力随筏板厚度的变化规律,得出如下结论:随着筏板厚度增加,上部结构的角柱和内柱的附加轴力、上部结构的附加剪力、梁的附加弯矩和柱的附加弯矩整体上逐渐减小,而且减小幅度较大。

5.4　相邻建筑对地基不均匀沉降的影响及反分析研究

由第 4 章分析知,考虑相邻建筑物对不均匀沉降的影响时,受影响范围的建筑物实际沉降情况为本建筑物单独沉降与相邻建筑物周围地基土沉降的叠加,即受影响范围的建筑物实际沉降曲面方程为建筑物单独沉降曲面方程与相邻建筑物周围地基土沉降曲面方程的叠加。建筑物 A 的测点的布置如图 5-2 所示,实测沉降值见表 5-1。建筑物 A 受相邻建筑物 B 影响,如图 5-27 所示。

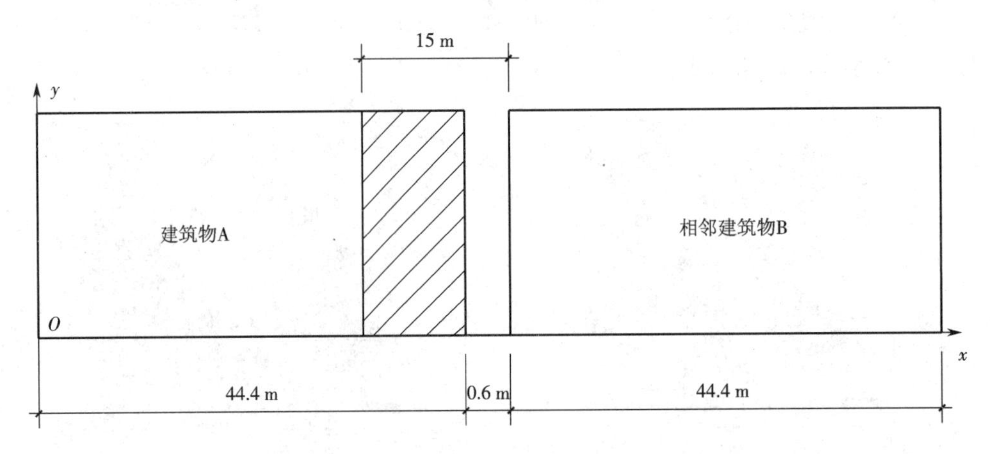

图 5-27　建筑物 A 受相邻建筑物 B 影响的平面图

对本实例考虑相邻建筑物对地基不均匀沉降有影响,拟合建筑物实际沉降曲面方程步骤如下。

(1)对图 5-27 进行分析,建筑物 B 对周围地基土的影响范围为 15 m,建筑物 B 对建筑物 A 的影响范围如图示阴影部分,建筑物 A 的空白部分为不受影响区域。

(2)单独建筑物 A 的实际沉降曲面方程。在 $0 \leqslant x \leqslant 35$ m 范围内为建筑物 A 单独沉降的情况,其沉降抛物曲面方程为 $z_A = a_1 + a_2x + a_3y + a_4x^2 + a_5y^2$。由第4章分析知,实际建筑物 A 的长宽比为 3～4,桩长 20 m,筏板厚度 0.9 m,可以确定二次项系数 $a_4 = 9.1 \times 10^{-6}$,$a_5 = 3.4 \times 10^{-5}$。通过不受影响区域实测数据为边界条件可以确定系数 $a_1 = -2.24 \times 10^{-2}$,$a_2 = -2.92 \times 10^{-4}$,$a_3 = -3.45 \times 10^{-4}$。

(3)在受影响区域建筑物 A 的实际沉降曲面方程。在 $35\ \text{m} < x \leqslant 44.4$ m 范围内,建筑物 A 的实际沉降情况为建筑物 A 单独沉降与相邻建筑物 B 周围地基沉降的叠加。叠加后的曲面方程基本形式为 $z = c_1 + c_2x + c_3y + (a_4 + a_5)x^2 + (b_4 + b_5)y^2$。由第4章分析知,实际建筑物 B 的长宽比为 3～4,桩长 20 m,筏板厚度 0.9 m,可以确定二次项系数 $b_4 = -5 \times 10^{-5}$,$b_5 = 3.5 \times 10^{-5}$。通过受影响区域实测数据为边界条件可以确定方程系数 $c_1 = -8.32 \times 10^{-2}$,$c_2 = -3.09 \times 10^{-3}$,$c_3 = -7.76 \times 10^{-4}$。

在基础底面强行施加考虑相邻建筑物影响的实际地基不均匀沉降位移,进行地基不均匀沉降对上部结构影响的反分析研究,分析上部结构的附加轴力和附加剪力、梁的附加弯矩、柱的附加弯矩等的变化规律。

1. 对比上部结构的附加轴力

对图 5-28 和图 5-29 进行分析,附加轴力逐层增大,整个结构附加轴力的最大值发生在底层柱的端部。单独不均匀沉降时,角柱和边柱轴力增大,内柱出现卸载的现象,这一现象是由地基不均匀沉降"中间大边缘小"引起的,上部结构的附加轴力最大值为 0.50×10^3 kN。考虑相邻建筑物影响不均匀沉降时,受相邻建筑物影响范围的附加轴力出现异常,靠近相邻建筑物的柱出现卸载现象,这是由于靠近相邻建筑物的柱沉降量最大的缘故;上部结构的附加轴力最大值为 0.96×10^3 kN,得出有相邻建筑物会影响上部结构的附加轴力分布和增大局部构件的附加轴力。

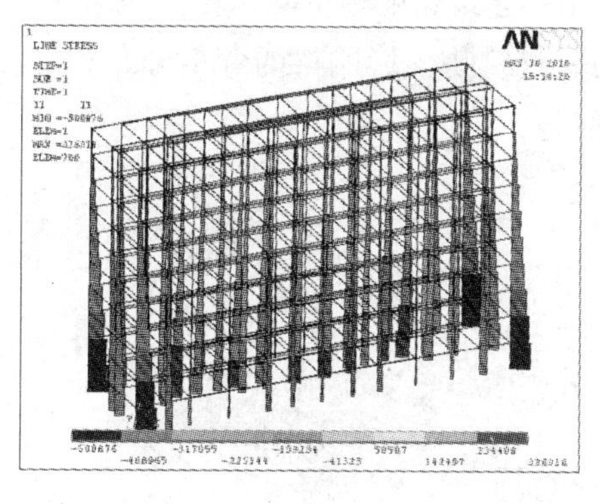

图 5-28　上部结构的附加轴力图
(单独沉降)

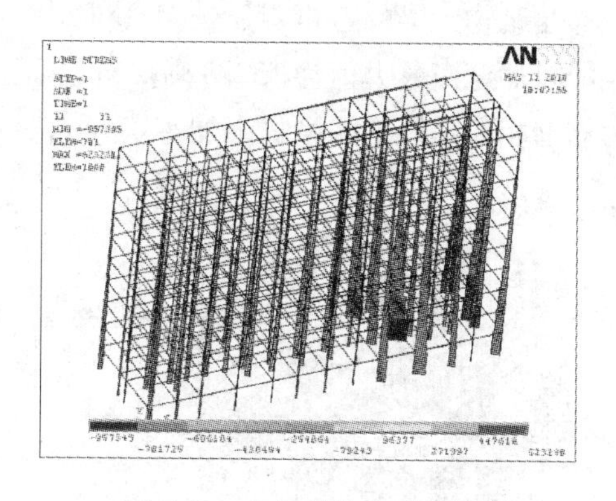

图 5-29　上部结构的附加轴力图
(相邻建筑物影响)

2. 对比上部结构的附加剪力

对图 5-30 和图 5-31 进行分析，施加地基不均匀沉降后，上部结构产生了显著的附加剪力，随着层数增高逐渐变小，附加剪力最大值发生在底层。单独不均匀沉降时，沿长跨方向两端产生的附加剪力较大而中间较小，上部结构的附加剪力最大值为 94.3 kN。考虑相邻建筑物影响不均匀沉降时，受相邻建筑物影响范围的附加剪力出现异常，靠近相邻建筑物的上部结构的剪力显著增大，这是由于靠近相邻建筑物的柱沉降量最大的缘故，上部结构附加剪力最大值为 111.9 kN，得出有相邻建筑物会影响上部结构的附加剪力分布和增大局部构件的附加剪力。

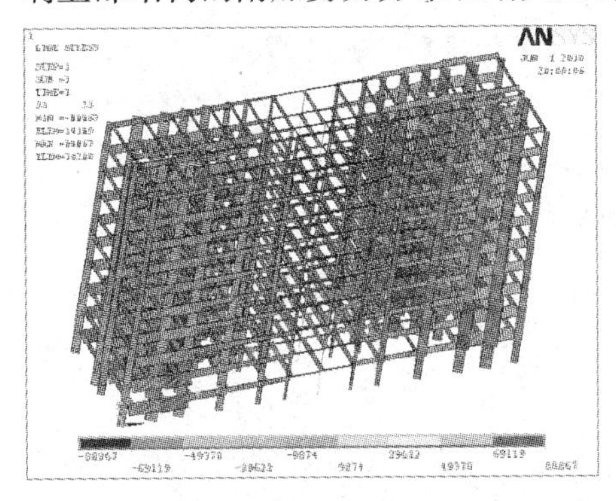

图 5-30 上部结构的附加剪力图（单独沉降）

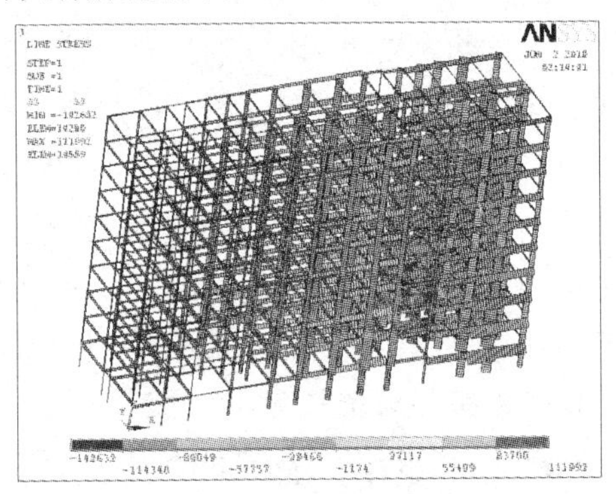

图 5-31 上部结构的附加剪力图（相邻建筑物影响）

3. 对比梁的附加弯矩

对图 5-32 和图 5-33 进行分析，梁产生的附加弯矩很大，甚至发生变号。单独不均匀沉降时，弯矩分布为两端大中间小，整个结构附加弯矩的最大值发生在底层两端，梁的附加弯矩最大值为 90.8 kN · m。考虑相邻建筑物影响不均匀沉降时，靠近相邻建筑物的梁的弯矩明显较大，这是由于靠近相邻建筑物的柱沉降差较大的缘故；梁的附加弯矩最大值为 132.9 kN · m，得出有相邻建筑物会影响梁的弯矩分布和增大靠近相邻建筑物的梁的附加弯矩。

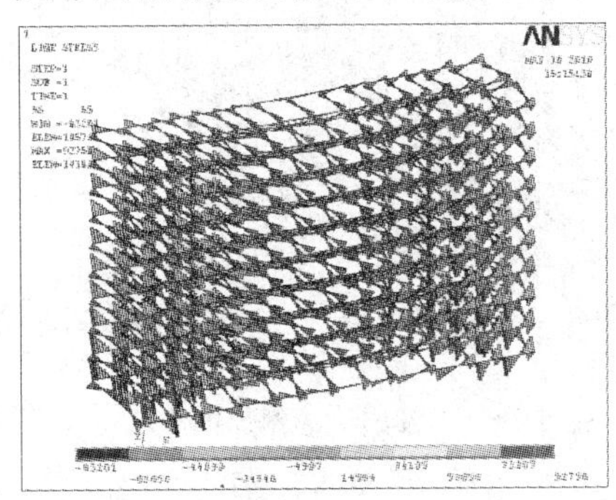

图 5-32 梁的附加弯矩图（单独沉降）

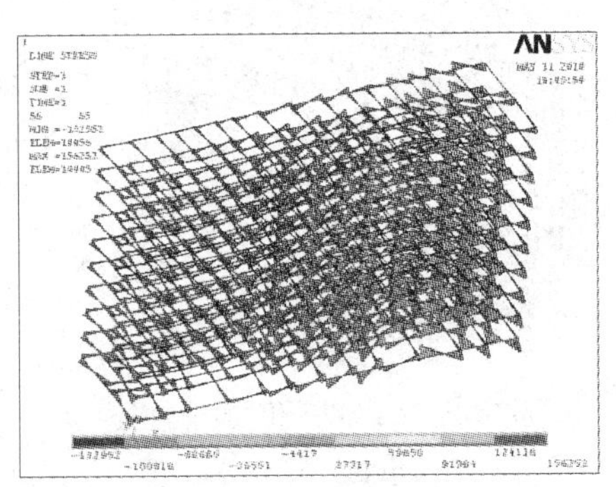

图 5-33 梁的附加弯矩图（相邻建筑物影响）

4. 对比柱的附加弯矩

对图5-34和图5-35进行分析，柱产生的附加弯矩很大，甚至发生变号。单独不均匀沉降时，弯矩分布为两端大中间小，整个结构附加弯矩的最大值发生在底层两端，柱的附加弯矩最大值为88.6 kN·m。考虑相邻建筑物影响不均匀沉降时，靠近相邻建筑物的柱的弯矩明显较大，这是由于靠近相邻建筑物的柱的沉降差较大的缘故；柱的附加弯矩最大值为122.5 kN·m，得出有相邻建筑物会影响柱的弯矩分布和增大靠近相邻建筑物的柱的附加弯矩。

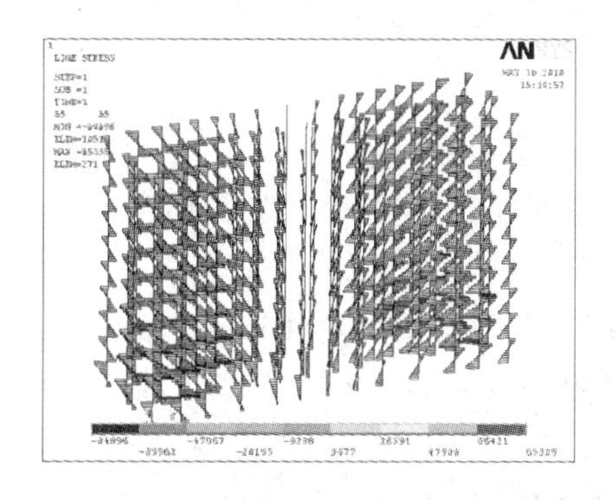

图5-34　柱的附加弯矩图(单独沉降)

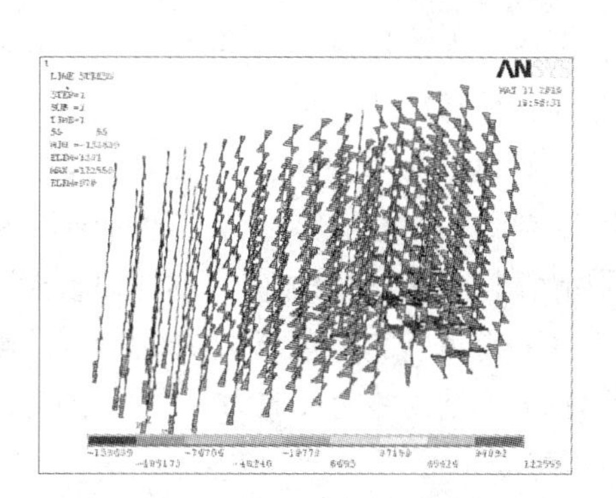

图5-35　柱的附加弯矩图(相邻建筑物影响)

5. 小结

对比建筑物单独沉降和考虑相邻建筑物的影响，地基不均匀沉降作用下上部结构的附加轴力和附加剪力、梁的附加弯矩、柱的附加弯矩的变化规律如表5-4所示。

表5-4　单独沉降和考虑相邻建筑物影响的上部结构的附加内力

沉降方式	地基不均匀沉降对上部结构产生的附加内力				
	角柱轴力(kN)	内柱轴力(kN)	剪力(kN)	梁弯矩(kN·m)	柱弯矩(kN·m)
单独沉降	500	330	94.3	90.8	88.6
考虑相邻建筑物	960	620	111.9	132.9	122.5

对表5-4中单独沉降和考虑相邻建筑物影响的上部结构的附加内力数据进行分析，得出如下结论：考虑相邻建筑物影响时，地基不均匀沉降作用下，上部结构的附加轴力、上部结构的附加剪力、梁的附加弯矩和柱的附加弯矩分布发生改变，而且靠近相邻建筑的局部杆件内力显著增加。

5.5 本章小结

本章利用第3章的分析结论推算出建筑物的实际沉降曲面方程,进行实际地基不均匀沉降对上部结构影响的反分析研究,分析上部结构的附加内力变化规律,得出如下结论。

(1)地基不均匀沉降作用下,上部结构产生较大的附加轴力,角柱和边柱轴力增大,内柱出现卸载现象;上部结构产生较大的附加剪力,梁、柱产生较大的附加弯矩;附加内力的最大值发生在底层。

(2)随着沉降差增加,地基不均匀沉降作用下上部结构的角柱和内柱的附加轴力、上部结构的附加剪力、梁的附加弯矩和柱的附加弯矩整体上逐渐增大,而且上部结构的附加弯矩和附加剪力的增幅较大。

(3)随着筏板厚度增加,地基不均匀沉降作用下上部结构的角柱和内柱的附加轴力、上部结构的附加剪力、梁的附加弯矩和柱的附加弯矩整体上逐渐减小,而且减小幅度较大。

(4)考虑相邻建筑物影响时,地基不均匀沉降作用下,上部结构的附加轴力、上部结构的附加剪力、梁的附加弯矩和柱的附加弯矩分布发生改变,而且靠近相邻建筑的局部杆件内力显著增加。

第6章　地基不均匀沉降对剪力墙结构影响的反分析研究

本章利用 ANSYS 有限元分析软件,采用不同的箱形基础和筏形基础,在建筑物仅在自重情况下,分析体系在相同的沉降工况、不同的基础刚度的情况下,上部结构的内力变化情况。由于本例中该建筑物左边还有一幢建筑,在反分析时基础底面所加沉降位移必须是建筑物最终的实际沉降位移,所以理应将该建筑物由相邻建筑引起的附加沉降叠加到建筑物自重所引起的沉降上去。因此,本章首先将第 3 章分析所得的相邻建筑物引起的周边地基的附加沉降曲面及建筑物本身自重引起的沉降曲面叠加,得到基础最终的沉降曲面方程模式。根据此曲面方程模式,结合实际工程中测量的沉降值,找到最终较合理的位移沉降曲面,将其加到基础底面,对上部结构进行不均匀沉降的反分析研究。

6.1　箱形地基不均匀沉降对上部结构影响的反分析研究

6.1.1　箱形基础地基最终的沉降曲面方程

4.2.1 节中所得的 3 m 高箱形基础在建筑物本身自重荷载作用下基础的沉降曲面方程为

$$z = p_1 + p_2 x + 0.000\,005\,12 x^2 + p_4 y + 0.000\,006\,97 y^2 \tag{4-2}$$

4.4.2 节中所得的 3 m 箱形基础由左边建筑物引起的附加沉降曲面方程为

$$z = p_1 + p_2 x - 0.000\,085\,4 x^2 + p_4 y - 0.000\,010\,9 y^2 \tag{4-9}$$

由于两个曲面方程是在不同的坐标系下建立的,如果想对两者进行叠加,首先要将后者进行坐标变换,换成跟前者一样的坐标系布置。所以,本节首先对后者进行坐标变换,这两个曲面方程的坐标系布置如图 6-1 和图 6-2 所示。

从图中可以看出,只需将式(4-9)所在的坐标系向右平移 21 m,即可变为跟式(4-2)所在的坐标系相同的布置。

变换坐标系后,式(4-9)变为

$$z = p_1' + p_2' x - 0.000\,085\,4 x^2 + p_4' y - 0.000\,010\,9 y^2 \tag{4-9$'$}$$

将式(4-2)和式(4-9′)叠加后所得的新方程为

$$z = p_1'' + p_2'' x - 0.000\,080\,3 x^2 + p_4'' y - 0.000\,003\,93 y^2$$

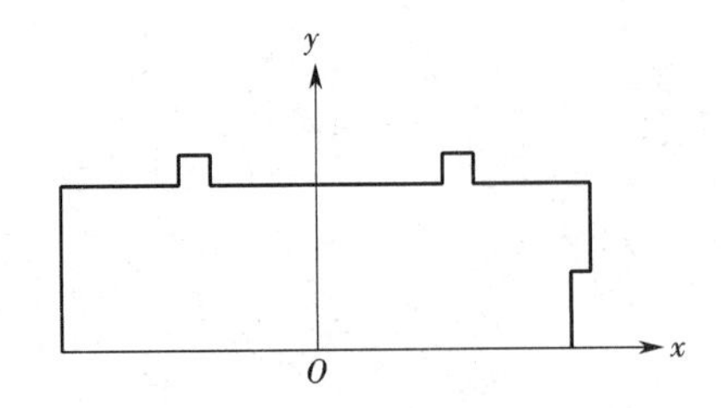

图 6-1 式(4-2)所在坐标系

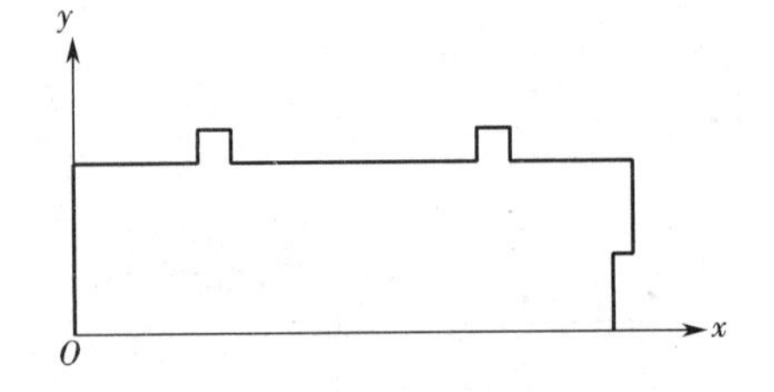

图 6-2 式(4-9)所在坐标系

所以,在采用筏基的情况下,本书反分析时最终加的位移曲面方程模式为

$$z = p_1 + p_2 x - 0.000\,080\,3x^2 + p_4 y - 0.000\,003\,93y^2 \quad (6\text{-}1)$$

式(6-1)中的二次项系数都是由第 4 章的正分析得来的,因为二次项系数决定了其曲面的弯曲程度,而一次项系数决定了其边界条件。实际工程中给定的测点都在边界上,所以二次抛物面的曲率必须由正分析得来,然后根据实际测点的沉降数据确定一次项系数。

本例中建筑物各实测点的位移沉降值如表 6-1 所示。

表 6-1 各实测点的最终沉降值

测点号	对应坐标值		沉降值(mm)
	x(m)	y(m)	
7	-21	6. 8	20. 03
8	-21	12. 5	18. 25
9	-9. 2	14. 6	19. 35
10	9. 2	14. 6	20
11	21	12. 5	21. 34
12	21	5. 7	19. 74
13	19. 5	0	21. 56
14	10. 5	0	21. 47
15	-10. 5	0	20. 47
16	-21	0	19. 73

将实测数据代入式(6-1),拟合曲面方程为

$$z = 20.732 + 0.037\,16x - 0.000\,080\,3x^2 - 0.076\,19y - 0.000\,003\,93y^2 \quad (6\text{-}2)$$

其相关系数 $R^2 = 0.647\,3$,说明曲面拟合得较为合理,可以采用。

6. 1. 2 不同高度的箱基不均匀沉降对上部结构的反分析研究

将 6. 1. 1 节所得的考虑完全共同作用的情况下基础的沉降曲面方程(6-2)加到

箱基底面,采用强制不均匀沉降的反分析方法分析地基不均匀沉降对上部结构的影响,通过 ANSYS 分析上部结构在不均匀沉降作用下的内力分布情况,找到结构的最薄弱处。

6.1.2.1　底层柱内力比较

将 ANSYS 分析的上部结构各柱的轴力值列表,同时附上上部结构无沉降时在自重荷载作用情况下的各柱轴力值,以做对比,如表 6-2 所示。

表 6-2　箱基各柱附加轴力值

柱号	坐标值		柱子轴力(N)			
	x(m)	y(m)	无沉降	箱高 3 m	箱高 3.5 m	箱高 4 m
F-1	-21	0	-3.69×10^5	-3.23×10^5	-3.02×10^5	-7.63×10^4
Q-1	-21	12.5	-2.47×10^5	-1.88×10^5	-1.94×10^5	-4.77×10^4
F-17	19.5	0	-2.98×10^5	1.90×10^5	1.92×10^5	7.52×10^4
Q-18	21	12.5	-3.05×10^5	2.96×10^5	2.99×10^5	1.06×10^5
F-8	-1.5	0	-2.99×10^5	1.91×10^5	1.90×10^5	6.59×10^4
Q-9	0	12.5	-9.97×10^3	1.30×10^4	1.32×10^4	8.60×10^4
F-10	1.5	0	-8.51×10^3	2.38×10^4	2.42×10^4	8.91×10^4
K-13	10.5	5.7	-2.54×10^4	1.38×10^5	1.43×10^5	-6.97×10^3
K-4	-10.5	5.7	-1.05×10^5	-9.65×10^4	-1.02×10^5	-9.32×10^4
F-2	-15	0	-3.61×10^4	8.39×10^4	8.56×10^4	1.41×10^4
F-4	-10.5	0	1.88×10^3	-3.20×10^3	-3.01×10^3	-5.48×10^3
F-7	-6	0	-1.10×10^3	7.74×10^3	7.66×10^3	3.80×10^4
F-11	6	0	-2.52×10^5	-1.48×10^5	-1.47×10^5	-2.28×10^5
F-13	10.5	0	-1.47×10^5	-1.46×10^4	-1.79×10^3	1.89×10^5
F-16	15	0	-1.88×10^5	-1.77×10^5	-1.74×10^5	9.28×10^4
Q-2	-14.6	12.5	-4.60×10^3	7.59×10^3	7.49×10^3	3.00×10^4
Q-7	-6.4	12.5	-2.31×10^5	-1.56×10^5	-1.50×10^5	-2.30×10^5
Q-11	6.4	12.5	-1.75×10^5	-2.00×10^5	-1.94×10^5	-1.91×10^5
Q-16	14.6	12.5	1.55×10^5	-1.11×10^5	-6.75×10^4	-6.62×10^4

从表 6-2 可以看出,不均匀沉降可使上部结构产生附加内力,边柱轴力增大,中柱轴力减小,柱脚处轴力变化最大,越往上层轴力变化越小,同时角柱的轴力变化也较大。由此可以看出,考虑相互作用后,基础的不均匀沉降使上部结构产生了内力重分布的现象。由于荷载的作用,结构下沉,基础产生盆形沉降,其两端呈上翘趋势,由

于上部结构的参与，基础上翘会受到上部结构的约束，导致在上部结构内部产生内力重分布，边柱因挤压而轴力增大，中柱因拉伸而轴力减小，同时产生向外作用的剪力和柱下内边受拉的弯矩。重分布的结果使箱基承受反向弯矩，从而使其承受总体弯曲的总弯矩减小，并导致箱基顶板压应力减小并有可能转化为拉应力，也使中和轴不断上移到上部结构，从而使整体的弯曲明显减少。

不均匀沉降使柱子产生向外作用的附加弯矩，其分布基本呈由顶部向下逐渐增大的趋势，最大值在底部。为方便分析，在此只列出底层柱各柱脚处的附加弯矩值。用 ANSYS 分析的上部结构各柱脚处的弯矩值如表 6-3 所示。

表 6-3　各柱附加弯矩值

柱号	坐标值			弯矩值(N·m)		
	x(m)	y(m)	z(m)	箱高 3 m	箱高 3.5 m	箱高 3 m
F-1	-21	0	0	3 570.1	3 987.1	4 254.9
Q-1	-21	12.5	0	-2 316.5	-2 477.4	-2 624.5
F-17	19.5	0	0	-8 842.9	-8 970.1	-9 059.7
Q-18	21	12.5	0	-4 230.5	-4 237.3	-4 246.9
F-8	-1.5	0	0	-503.39	-851.91	-874.75
Q-9	0	12.5	0	-694.9	-837.93	-836.83
F-10	1.5	0	0	-1 001.6	-1 006.4	-1 064.1
K-13	10.5	5.7	0	-557.12	-591.94	-686.24
K-4	-10.5	5.7	0	171.39	170.39	177.59
F-2	-15	0	0	-3 355.2	-3 590.4	-3 313.8
F-4	-10.5	0	0	-2 103.2	-1 487.9	-1 572.8
F-7	-6	0	0	6 974.9	7 720.8	7 849.5
F-11	6	0	0	1 711.5	1 898.9	2 015.4
F-13	10.5	0	0	2 663.2	2 873.2	2 966.8
F-16	15	0	0	738.08	713.24	466.4
Q-2	-14.6	12.5	0	4 019.4	4 530.5	5 095.4
Q-7	-6.4	12.5	0	-3 675	-3 925	-4 749.6
Q-11	6.4	12.5	0	-16.171	-21.559	-36.478
Q-16	14.6	12.5	0	93.31	143.82	169.9

从表 6-3 可以看出，随着箱基高度的增加，柱子的附加弯矩逐渐减小，且箱基高度的改变对附加弯矩值的影响很小。箱基高 3.5 m 时，柱脚处的弯矩值比箱基高度为 3 m 时减小 7% ~10%；箱基高 4 m 时，柱脚处的弯矩值比箱基高度为 3.5 m 时减

小 6% 左右，极个别柱子的附加弯矩变化较大。

6.1.2.2　剪力墙内力

本书选择比较危险的剪力墙，分析其附加弯矩在不均匀沉降中的变化情况。其高宽比为 5.23 >3，属于高墙。高墙的破坏形式一般为弯曲型破坏。

图 6-3 至图 6-5 为剪力墙在不同箱基高度下的弯矩云图。

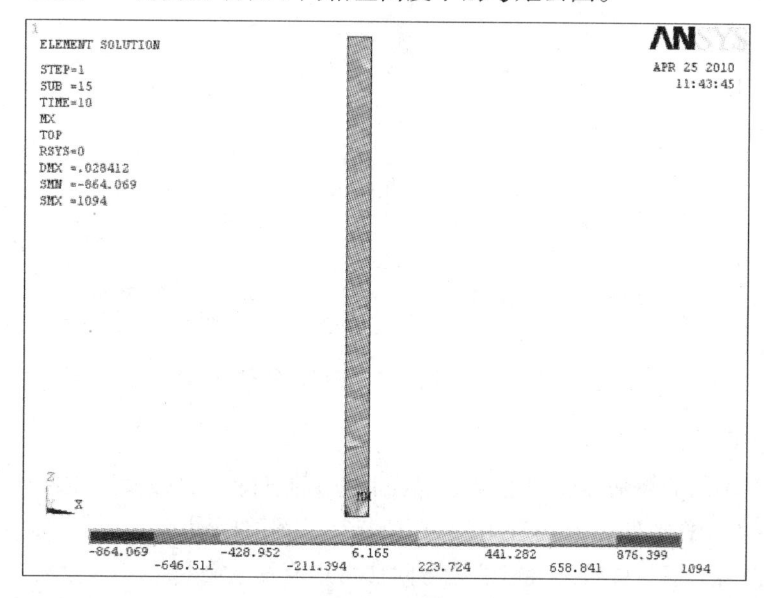

图 6-3　4 m 高箱基剪力墙 M_x 图（N · m）

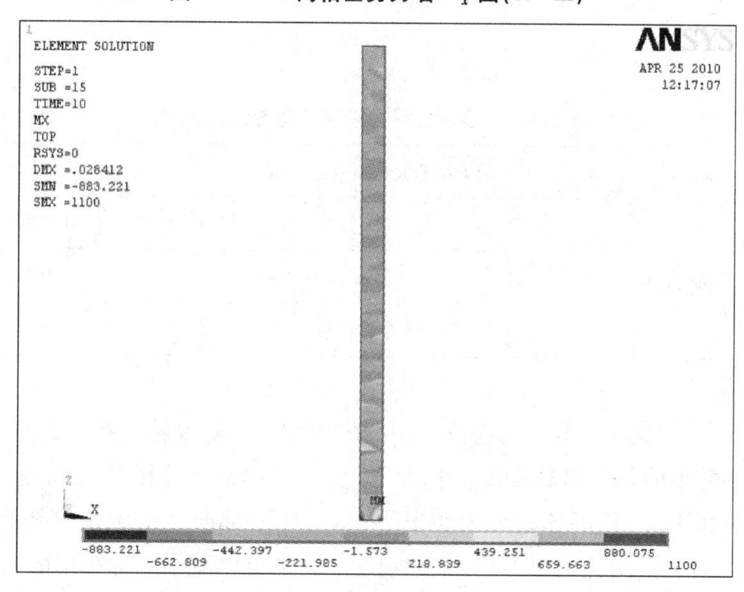

图 6-4　3.5 m 高箱基剪力墙 M_x 图（N · m）

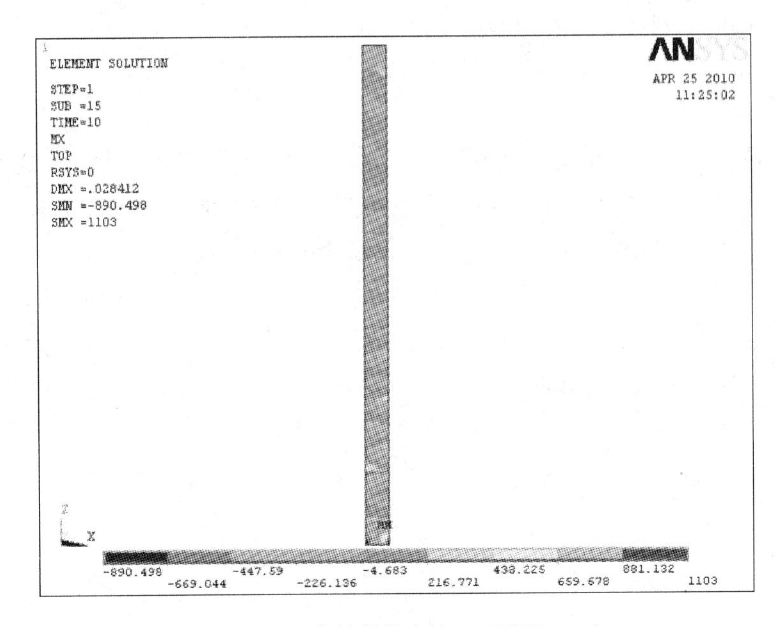

图 6-5　3 m 高箱基剪力墙 M_x 图(N·m)

从图中可以看出:

(1)在不同的箱基高度的情况下,基础不均匀沉降时剪力墙产生的附加弯矩随着结构高度的增加而减小,越往上层剪力墙产生的附加弯矩越小;

(2)在剪力墙与楼板梁接触的地方附加弯矩值发生突变。

为比较方便,将各箱基高度时剪力墙产生的附加弯矩最大值列表,如表 6-4 所示。

表 6-4　箱基各剪力墙附加弯矩最大值

剪力墙最大弯矩值(N·m)		
不均匀沉降	4 m 箱基	1 094
	3.5 m 箱基	1 100
	3 m 箱基	1 103

从表 6-4 可以看出,剪力墙内部产生的附加弯矩值随着箱基高度的增加而减小,但这种减小并不明显。箱高 4 m 的情况下,剪力墙内部产生的附加弯矩比箱高 3.5 m 时约减小 0.55%;箱高 3.5 m 的情况下,剪力墙内部产生的附加弯矩比箱高 3 m 时约减小 0.27%。由此可以看出,基础刚度的增加可以减小上部结构的附加内力。

6.2　筏形基础不均匀沉降对上部结构影响的反分析研究

6.2.1　筏形基础地基最终的沉降曲面方程

本节筏形基础最终沉降曲面方程的确定方法和上节中箱形基础最终沉降曲面方程的确定方法类似,不再赘述。

本节分析中,其最终加的位移曲面方程模式为

$$z = p_1 + p_2 x - 0.000\,254\,34x^2 + P_4 y + 0.005\,105\,1y^2 \tag{6-3}$$

本书的实际工程中建筑物各实测点的位移沉降值如表6-1所示。

将实测数据代入式(6-3)后得到拟合曲面的各项系数为

$$p_1 = 20.842\,07,\ p_2 = 0.037\,05,\ p_4 = -0.147\,56$$

最终根据实测数据得到的曲面方程为

$$z = 20.842\,07 + 0.037\,05x - 0.000\,254\,34x^2 - 0.147\,56y + 0.005\,105\,1y^2 \tag{6-4}$$

其相关系数 $R^2 = 0.667\,0$,说明曲面拟合得较为合理,可以采用。

6.2.2　不同厚度的筏基不均匀沉降对上部结构的反分析研究

本节将6.2.1节中所得到的位移沉降方程(6-4)加到基础底面,通过分析上部结构在不均匀沉降作用下的内力分布情况,找到结构的最薄弱处。

图6-6至图6-8为不同厚度的筏基不均匀沉降下上部结构的等效应力云图。

从图中可以看出,上部结构最危险的地方在结构底层,应力最大处为K轴上的剪力墙与基础交接的地方,尤其以K-1-2处的剪力墙与基础交接的地方最为薄弱,这可能与基础的架越作用有关。由于整个建筑物基础的沉降大概呈中间大两边小的盆形沉降,而基础和上部结构具有较大的刚度,基础底面仍保持平面状态,这就导致上部结构的荷载在传至地基时向周边集中,使得基底反力呈现出周边大、中间小的状态,同时导致周边结构的竖向内力增大,中间部分结构的竖向内力减小,对上部结构来说,即边柱加载、中柱卸载,外围的剪力墙应力加大的现象,即基础产生了像桥梁一样的架越作用。

从图中还可以看出,随着筏板厚度的增加,上部结构的等效应力逐渐减小,说明基础刚度的增加可以减小上部结构的附加应力,使结构趋于安全。

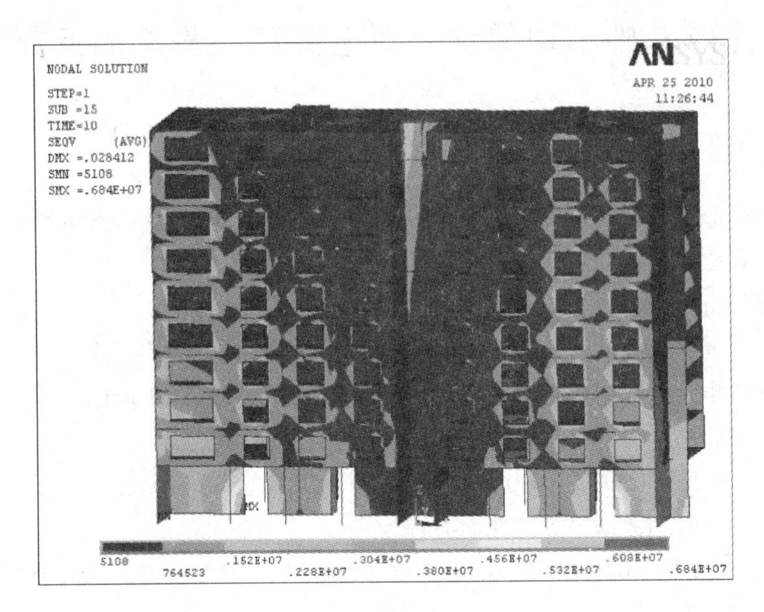

图 6-6 1 m 厚筏基上部结构等效应力云图

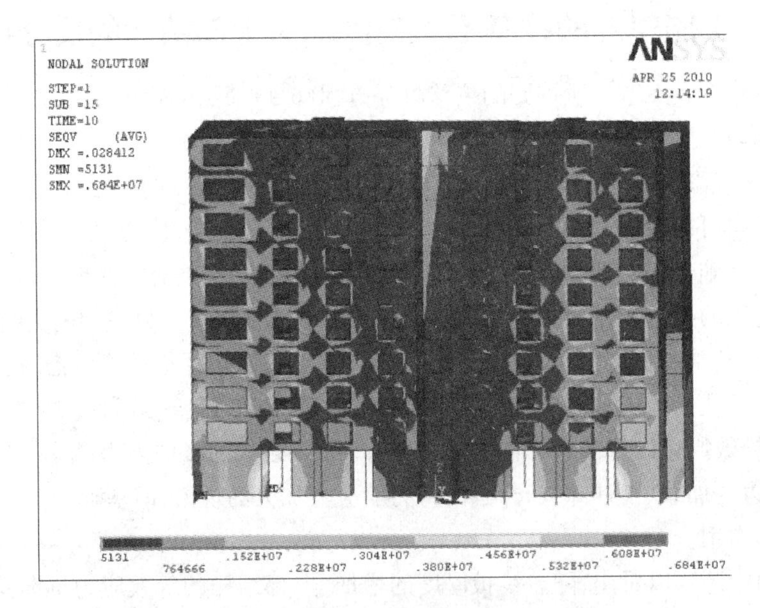

图 6-7 0.8 m 厚筏基上部结构等效应力云图

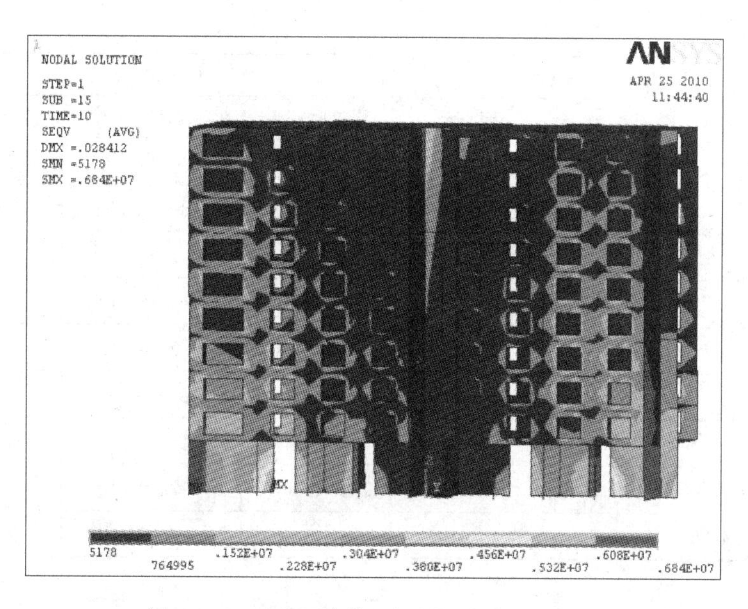

图6-8 0.6 m厚筏基上部结构等效应力云图

6.2.2.1 底层柱内力比较

ANSYS分析所得的各柱的轴力值如表6-5所示，同时附上上部结构无沉降时自重作用的情况下各柱的轴力值，以做对比。

表6-5 各柱轴力值

柱号	坐标值			柱子轴力(N)		
	x(m)	y(m)	无沉降	筏厚1 m	筏厚0.8 m	筏厚0.6 m
F-1	-21	0	-3.69×10^5	-5.31×10^5	-5.33×10^5	-2.25×10^6
Q-1	-21	12.5	-2.47×10^5	-1.76×10^5	-1.82×10^5	-6.95×10^5
F-17	19.5	0	-2.98×10^5	2.03×10^5	2.05×10^5	5.13×10^5
Q-18	21	12.5	-3.05×10^5	3.05×10^5	3.07×10^5	8.53×10^5
F-8	-1.5	0	-2.99×10^5	1.63×10^5	1.69×10^5	4.72×10^5
Q-9	0	12.5	-9.97×10^3	9.62×10^4	9.92×10^4	1.46×10^5
F-10	1.5	0	-8.51×10^3	2.38×10^4	2.42×10^4	6.34×10^4
K-13	10.5	5.7	-2.54×10^4	1.24×10^5	1.28×10^5	-2.45×10^5
K-4	-10.5	5.7	-1.05×10^5	-4.35×10^5	-4.29×10^5	-4.50×10^5
F-2	-15	0	-3.61×10^4	9.29×10^4	9.49×10^4	5.55×10^5

续表

柱号	坐标值			柱子轴力(N)		
	x(m)	y(m)	无沉降	筏厚 1 m	筏厚 0.8 m	筏厚 0.6 m
F-4	-10.5	0	1.88×10^3	-4.26×10^5	-4.28×10^5	-2.49×10^5
F-7	-6	0	-1.10×10^3	8.02×10^2	8.03×10^2	1.64×10^3
F-11	6	0	-2.52×10^5	-1.58×10^5	-1.61×10^5	-1.02×10^5
F-13	10.5	0	-1.47×10^5	-4.77×10^4	-4.84×10^4	3.69×10^3
F-16	15	0	-1.88×10^5	-1.97×10^5	-2.00×10^5	3.76×10^5
Q-2	-14.6	12.5	-4.60×10^3	7.99×10^3	8.03×10^3	2.02×10^4
Q-7	-6.4	12.5	-2.31×10^5	-2.05×10^5	-2.11×10^5	-1.39×10^5
Q-11	6.4	12.5	-1.75×10^5	-2.44×10^5	-2.50×10^5	-2.55×10^5
Q-16	14.6	12.5	1.55×10^5	-5.16×10^4	-5.29×10^4	-8.61×10^4

从表6-5可以看出,不均匀沉降可使上部结构产生附加内力,边柱轴力增大,中柱轴力减小,柱脚处轴力变化最大,越往上轴力变化越小,同时角柱轴力变化值也较大。

从表6-5还可以看出,筏板的厚度越大,上部结构产生的附加轴力越小。筏厚1 m的情况下,不均匀沉降导致的柱子轴力改变值占基础无沉降时的70%左右,个别柱轴力改变较大,为没有沉降时的4倍;筏厚0.8 m时柱子轴力改变跟筏厚1 m时差别不大;筏厚0.6 m的情况下,每个柱子的轴力改变在1倍以上。由此可以看出,在软土地基中,筏基不均匀沉降导致上部结构产生的附加轴力过大,可能造成结构的破坏。这是因为在软土地基中,由于地基土过软,单独使用筏基可能导致基础的沉降曲面过弯,从而使上部结构产生过大的内力。因此,为安全考虑,软土地基上建造高层建筑时最好对地基进行处理(如打桩)以增强地基刚度。

由于柱子附加弯矩的分布基本呈由顶部向下逐渐增大的趋势,最大值在柱子底部。为方便分析,在此只列出底层柱各柱脚处的附加弯矩值。ANSYS分析所得的结构柱各柱脚处的附加弯矩值如表6-6所示。

表6-6 各柱附加弯矩值

柱号	坐标值			弯矩值(N·m)		
	x(m)	y(m)	z(m)	筏厚 1 m	筏厚 0.8 m	筏厚 0.6 m
F-1	-21	0	0	-16 931	-23 174	-26 736
Q-1	-21	12.5	0	-4 604.8	-4 894	-5 004.4

续表

柱号	坐标值			弯矩值(N·m)		
	x(m)	y(m)	z(m)	筏厚1 m	筏厚0.8 m	筏厚0.6 m
F-17	19.5	0	0	-14 769	-18 200	-19 831
Q-18	21	12.5	0	-4 745.3	-5 100.3	-5 237.4
F-8	-1.5	0	0	-587.21	-612.51	-664.22
Q-9	0	12.5	0	-651.78	-676.45	-726.5
F-10	1.5	0	0	-1 933	-2 140.8	-2 221.6
K-13	10.5	5.7	0	-3 781.9	-5 065.8	-5 676.9
K-4	-10.5	5.7	0	-131.67	-154.36	-163.26
F-2	-15	0	0	-8 028.2	-8 849.6	-9 205.7
F-4	-10.5	0	0	5 391.4	7 115.4	7 917
F-7	-6	0	0	5 894.5	6 051.3	6 110
F-11	6	0	0	3 115	3 291.9	3 360.6
F-13	10.5	0	0	4 246.7	4 656.6	4 829.6
F-16	15	0	0	1 732.3	1 855.5	1 903.8
Q-2	-14.6	12.5	0	2 787.2	2 782	2 779
Q-7	-6.4	12.5	0	-1 629.63	-1 783.8	-1 799.8
Q-11	6.4	12.5	0	-26.171	-41.559	-76.478
Q-16	14.6	12.5	0	183.31	243.82	269.9

从表6-6可以看出,不均匀沉降可使柱子产生向外作用的附加弯矩,且随着筏板厚度的增加,柱子产生的附加弯矩值逐渐减小。筏板厚度为1 m时,柱脚处的附加弯矩值比筏板厚度为0.8 m时减小4% ~15%;筏板厚度为0.8 m时,柱脚处的附加弯矩值比筏板厚度为0.6 m时减小5% ~36%,只有极个别柱子的附加弯矩随着筏板厚度的增加而增大。

6.2.2.2　剪力墙内力

本书选择比较危险的剪力墙K-13-15,分析其弯矩在不均匀沉降中的变化情况。其高宽比为5.23 >3,属于高墙。高墙的破坏形式一般为弯曲型破坏。

图6-9至图6-11为其在不同筏板厚度下的弯矩云图。

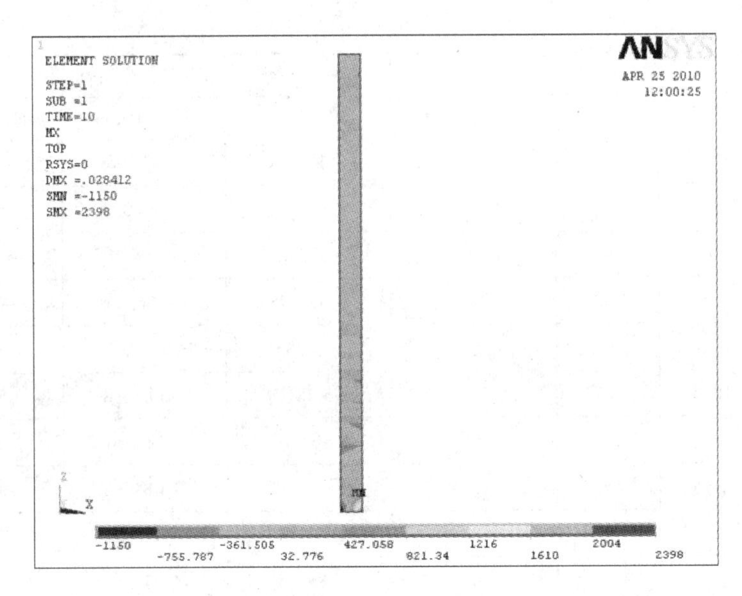

图 6-9　1 m 厚筏基剪力墙 M_x 图(N·m)

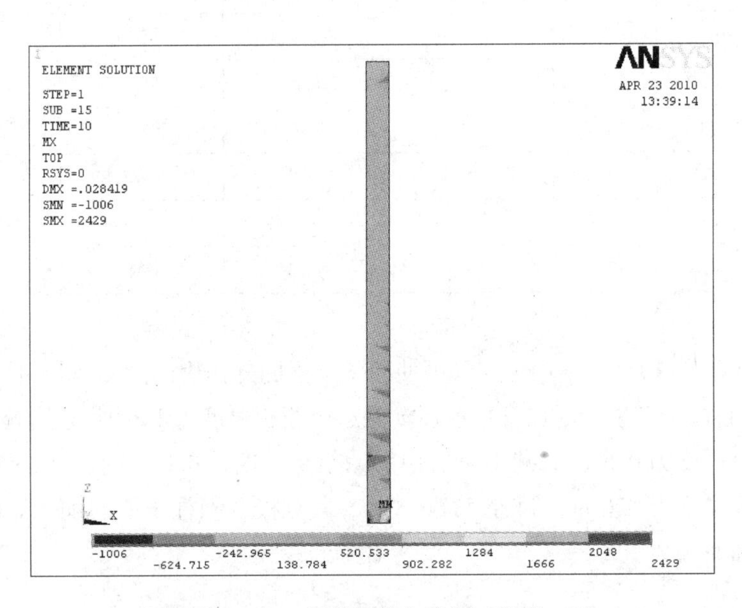

图 6-10　0.8 m 厚筏基剪力墙 M_x 图(N·m)

从图中可以看出：

(1)在不同的筏板厚度情况下，基础不均匀沉降时剪力墙产生的附加弯矩随着结构高度的增加而减小，越往上层剪力墙产生的附加弯矩越小；

(2)在剪力墙与楼板接触的地方附加弯矩值发生突变。

为比较方便，将各筏板厚度对应的剪力墙产生的附加弯矩最大值列表，如表 6-7

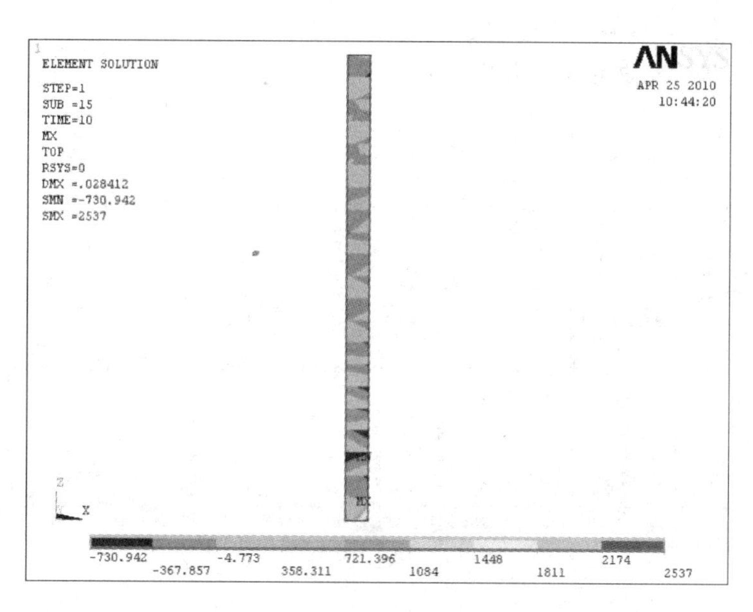

图6-11 0.6 m厚筏基剪力墙 M_x 图(N·m)

所示。

表6-7 筏基各剪力墙弯矩最大值

剪力墙最大弯矩值(N·m)		
不均匀沉降	1 m筏基	2 398
	0.8 m筏基	2 429
	0.6 m筏基	2 537

从表6-7可以看出,剪力墙内部产生的附加弯矩随着筏板厚度的增加而减小。筏厚1 m的情况下,剪力墙内部产生的附加弯矩比筏厚0.8 m时约减少1.28%;筏厚0.8 m的情况下,剪力墙内部产生的附加弯矩比筏厚0.6 m时约减少4.45%。由此可以看出,基础刚度的增加可以减小上部结构的附加内力,但筏厚的改变对剪力墙内部的附加弯矩值影响不是很明显。

6.3 不同沉降差对上部结构影响的反分析研究

为分析不同的沉降差对上部结构的影响,假定三种不同的沉降差工况,选择的方法是:在原有实测数据的基础上,依次将最大沉降差增加3 mm,即原有测点中每条轴线上的最小沉降值不变(即测点7、8、16的沉降值不变),最大沉降值(即11、12、13测点)在原有基础上均增加3 mm,这之间的测点9、15在原有基础上均增加1 mm,轴线 F 上的测点 10、14 在原有基础上均增加 2 mm。

图 6-12 为建筑物的实际测点布置图。

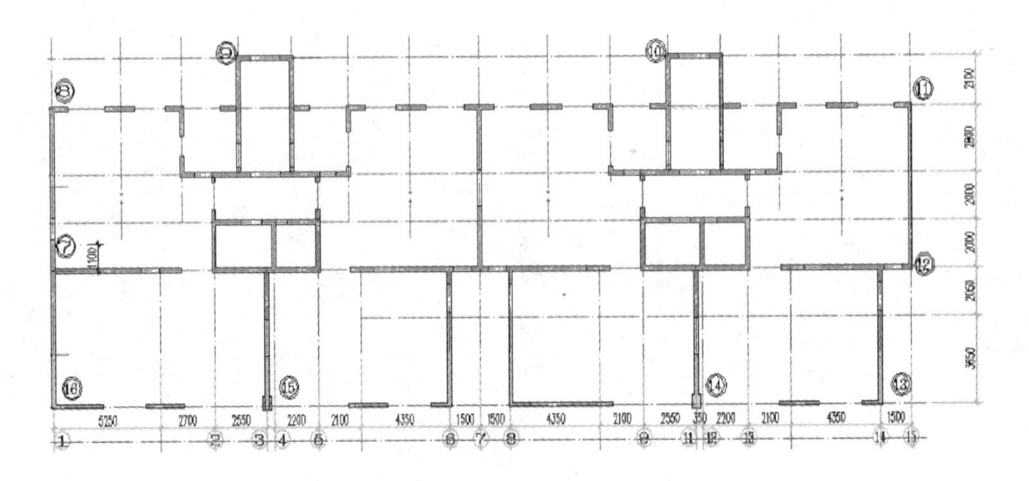

图 6-12 实际测点布置图

工况一沉降值见表 6-1，工况二和工况三沉降值如表 6-8 和表 6-9 所示。

工况一中，各测点中的最小沉降值（即测点 8）为 18.25 mm，最大沉降值（即测点 13）为 21.56 mm，两者的沉降差为 3.31 mm。根据工况一的沉降数据得到的沉降曲面方程为

$$z = 20.705 + 0.037\,20x + 0.000\,007\,393x^2 - 0.076\,07y + 0.000\,001\,67y^2 \tag{6-5}$$

表 6-8 工况二沉降数据

测点号	坐标值		沉降值（mm）
	x（m）	y（m）	
7	-21	6.8	20.3
8	-21	12.5	18.25
9	-9.2	14.6	21.35
10	9.2	14.6	22
11	21	12.5	24.34
12	21	5.7	22.74
13	19.5	0	24.56
14	10.5	0	23.47
15	-10.5	0	21.47
16	-21	0	19.73

工况二中，各测点中的最小沉降值（即测点 8）为 18. 25 mm，最大沉降值（即测点 13）为 24. 56 mm，两者的沉降差为 6. 31 mm。根据工况二的沉降数据得到的沉降曲面方程为

$$z = 22.788 + 0.09843x + 0.000007393x^2 - 0.06811y + 0.00000167y^2 \quad (6\text{-}6)$$

表 6-9　工况三沉降数据

测点号	坐标值		沉降值（mm）
	x（m）	y（m）	
7	-21	6. 8	20. 3
8	-21	12. 5	18. 25
9	-9. 2	14. 6	23. 35
10	9. 2	14. 6	25
11	21	12. 5	27. 34
12	21	5. 7	25. 74
13	19. 5	0	27. 56
14	10. 5	0	26. 47
15	-10. 5	0	24. 47
16	-21	0	19. 73

工况三中，各测点中的最小沉降值（即测点 8）为 18. 25 mm，最大沉降值（即测点 13）为 27. 56 mm，两者的沉降差为 9. 31 mm。根据工况三的沉降数据得到的沉降曲面方程为

$$z = 24.8443 + 0.16154x + 0.000007393x^2 - 0.06017y + 0.00000167y^2 \quad (6\text{-}7)$$

由于工况三下 ANSYS 非线性运算时出现问题，求解发散不收敛，同时求解过程中剪力墙已经发生非常严重的变形，说明在最大绝对沉降差为 9. 31 mm 的情况下，上部结构可能已经发生破坏。引起这种情况的原因很多，如材料屈服、结构失效等，但是这些原因不是本书研究的重点，留待探讨。在此只分析工况一及工况二下上部结构的内力变化情况。

6. 3. 1　底层柱内力比较

将 ANSYS 分析的两种工况下上部结构各柱的轴力值列表，同时附上上部结构无沉降时在自重荷载作用的情况下各柱的轴力值，以做对比，如表 6-10 所示。

表 6-10 各柱轴力值

柱号	坐标值(m)		轴力值(N)		
	x	y	无沉降	工况一	工况二
F-1	-21	0	-3.69×10^5	-5.58×10^5	-8.27×10^5
Q-1	-21	12.5	-2.47×10^5	-7.72×10^5	2.54×10^5
F-17	19.5	0	-2.98×10^5	-1.55×10^5	-2.28×10^5
Q-18	21	12.5	-3.05×10^5	-6.82×10^5	-1.12×10^6
F-8	-1.5	0	-2.99×10^5	-9.82×10^5	-1.59×10^5
Q-9	0	12.5	-9.97×10^3	-9.31×10^3	-1.53×10^4
F-10	1.5	0	-8.51×10^3	-4.62×10^4	-6.09×10^4
K-13	10.5	5.7	-2.54×10^4	-2.32×10^4	-4.24×10^4
K-4	-10.5	5.7	-1.05×10^5	-4.10×10^5	7.90×10^5
F-2	-15	0	-3.61×10^3	4.14×10^3	4.78×10^3
F-4	-10.5	0	1.88×10^3	-1.52×10^5	-3.90×10^5
F-7	-6	0	-1.10×10^3	-2.85×10^5	-6.30×10^5
F-11	6	0	-2.52×10^5	-7.05×10^5	-7.33×10^5
F-13	10.5	0	-1.47×10^5	-1.73×10^5	-1.27×10^5
F-16	15	0	-1.88×10^5	-4.75×10^5	-3.79×10^5
Q-2	-14.6	12.5	-4.60×10^3	-3.10×10^5	-5.62×10^5
Q-7	-6.4	12.5	-2.31×10^5	-2.26×10^5	-3.24×10^5
Q-11	6.4	12.5	-1.75×10^5	1.99×10^5	2.74×10^5
Q-16	14.6	12.5	1.55×10^5	5.87×10^5	7.41×10^5

各柱具体布置如图 6-13 所示。

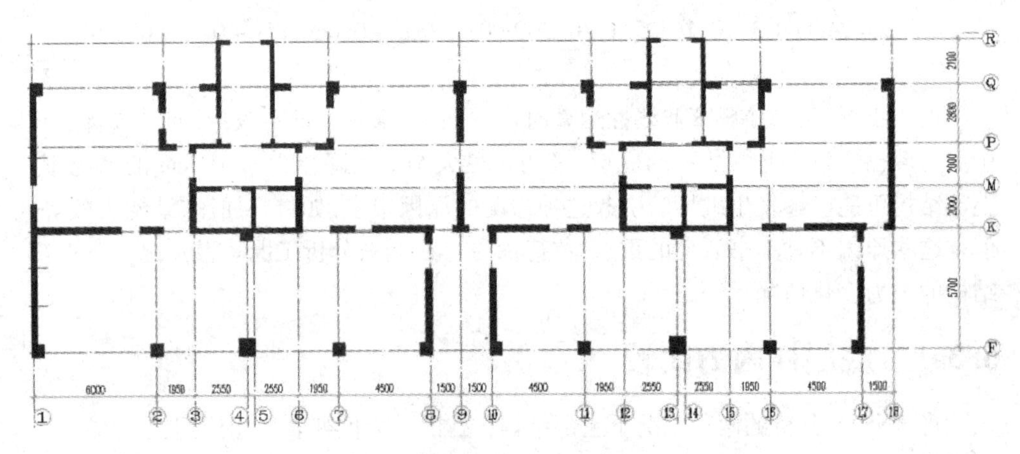

图 6-13 各柱布置图

从表 6-10 可以看出，不均匀沉降可使上部结构产生附加内力，边柱轴力增大，中柱轴力减小，柱脚处轴力变化最大，越往上层轴力变化越小，同时角柱的轴力变化也较大。

从表 6-10 还可以看出，增加沉降差对柱子轴力影响显著，在最大绝对沉降差为 3. 31 mm 的情况下，柱子轴力增加值为基础无沉降时柱轴力的 1 倍左右；在最大绝对沉降差为 6. 31 mm 的情况下，柱子轴力增加值为基础无沉降时柱轴力的 2 倍左右。由此可以看出控制不均匀沉降的沉降差的重要性。

不均匀沉降可使柱子产生向外作用的附加弯矩，基本呈由顶部向下逐渐增大的趋势，最大值在柱脚处。为方便分析，在此只列出底层柱各柱脚处的附加弯矩值。ANSYS 分析所得的上部结构各柱脚处的弯矩值如表 6-11 所示。

表 6-11　各柱弯矩值

柱号	坐标值(m)			弯矩值(N·m)	
	x	y	z	工况一	工况二
F-1	-21	0	0	5 168. 3	11 434
Q-1	-21	12. 5	0	-40 054	-113 060
F-17	19. 5	0	0	-36 015	-130 540
Q-18	21	12. 5	0	-40 228	-91 094
F-8	-1. 5	0	0	-32 309	-45 608
Q-9	0	12. 5	0	-6 642. 5	-44 031
F-10	1. 5	0	0	-23 184	-38 193
K-13	10. 5	5. 7	0	-42 093	-36 508
K-4	-10. 5	5. 7	0	-27 336	-51 282
F-2	-15	0	0	-70 958	-202 140
F-4	-10. 5	0	0	290 260	4.23×10^5
F-7	-6	0	0	-105 190	-3.35×10^5
F-11	6	0	0	-94 780	-1.19×10^5
F-13	10. 5	0	0	-10 989	-77 777
F-16	15	0	0	-11 785	-1.01×10^5
Q-2	-14. 6	12. 5	0	13 258	-25 735
Q-7	-6. 4	12. 5	0	193 510	2.05×10^5
Q-11	6. 4	12. 5	0	-6 348. 6	-14 642
Q-16	14. 6	12. 5	0	6 950. 9	16 339

从表 6-11 可以看出，不均匀沉降的沉降差越大，柱子产生的附加弯矩越大。最

大绝对沉降差增加 3 mm，中柱的附加弯矩增幅分别为 13. 27%、46. 69%，角柱的附加弯矩值增幅为 1 ~ 2 倍，其他边柱的附加弯矩值增幅为 20% ~ 80%，极个别柱子增加到 6 倍左右。由此可以看出，不均匀沉降的沉降差对上部结构内力的影响较为明显，最大绝对沉降差增加 1 倍会导致附加弯矩成倍增加，为保证结构的安全，应严格控制其沉降差。

6. 3. 2　剪力墙内力

为方便分析，本书选择比较危险的剪力墙 K-13-15（即图 6-14 中所圈出的剪力墙），以分析它的弯矩在不均匀沉降中的变化情况。其高宽比为 5. 23 > 3，属于高墙。高墙的破坏形式一般为弯曲型破坏。

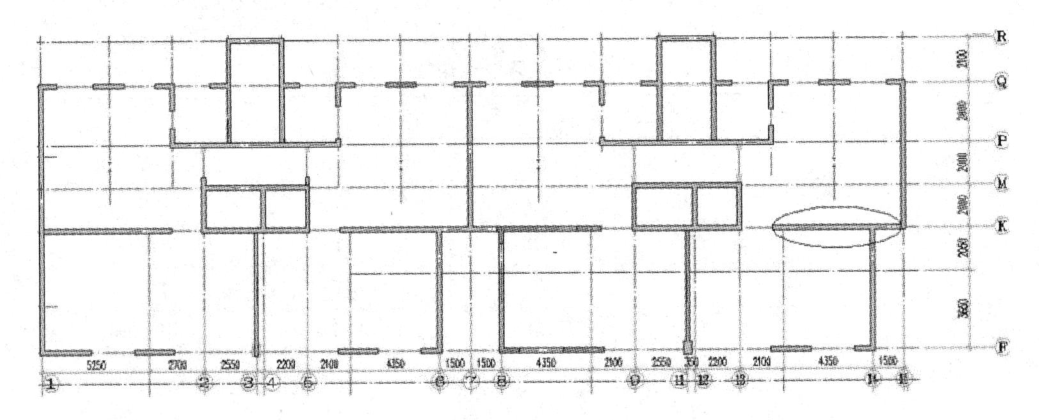

图 6-14　剪力墙布置图

图 6-15 与图 6-16 为剪力墙 K-13-15 在工况一和工况二下的弯矩云图。

从图中可以看出：

(1)在不同的箱基高度的情况下，基础不均匀沉降时剪力墙的附加弯矩随结构高度的增加而减小，越往上层剪力墙的附加弯矩越小；

(2)在剪力墙与楼板梁接触的地方附加弯矩值发生突变。

为比较方便，将各沉降差工况时剪力墙内部的附加弯矩最大值列，如表 6-12 所示。

表 6-12　各工况下剪力墙弯矩最大值

工况	最大弯矩值(N·m)
一	21 465
二	70 590

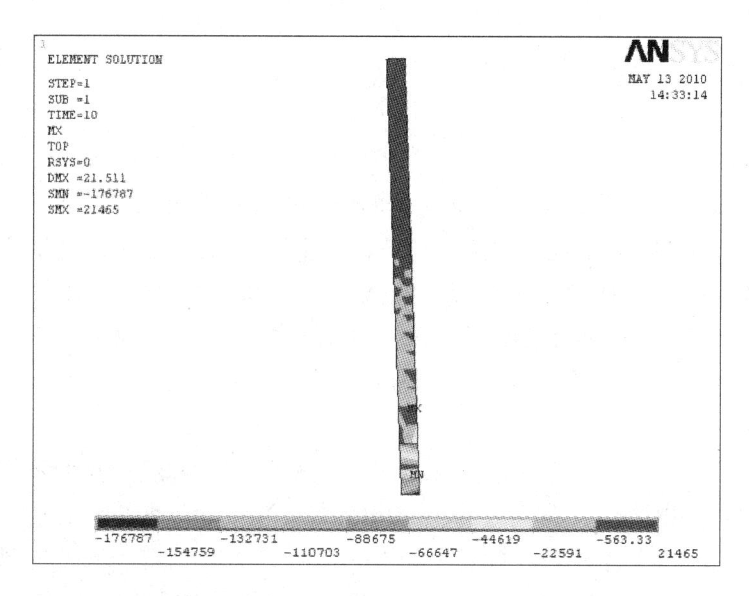

图 6-15　工况一下剪力墙 M_x 图(N·m)

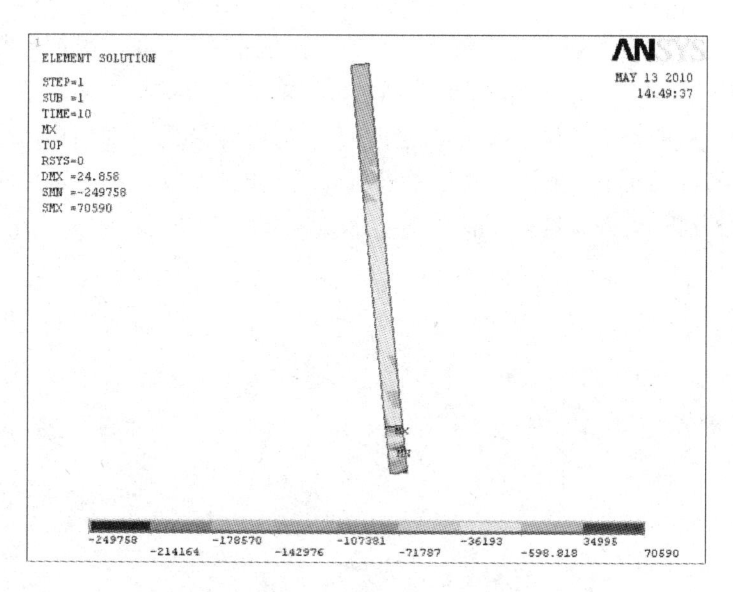

图 6-16　工况二下剪力墙 M_x 图(N·m)

在最大绝对沉降差为6. 31 mm的情况下,剪力墙已经发生明显的倾斜,同时剪力墙内部产生的弯矩值也较大,约为最大绝对沉降差为3 mm时的3. 29倍。由此可以看出,控制不均匀沉降的沉降差对结构设计具有重要意义。

6.4 本章小结

本章使用 ANSYS 软件和 1stOpt15PRO 软件,通过改变基础刚度和不同的沉降差,对高层框剪结构进行基础不均匀沉降的反分析研究,得出以下结论。

(1)地基不均匀沉降能够引起上部结构产生附加内力,导致上部结构内力重分布,相同的基础类型在相同的位移沉降形式下,反分析时上部结构的内力分布情况是类似的,基本上呈边柱轴力增加、中柱轴力减小的趋势;同一结构在不同的沉降差下,反分析时上部结构的内力分布情况是类似的,基本上呈边柱轴力增加、中柱轴力减小的趋势。

(2)在其他条件不变的情况下,随着筏板厚度和箱基高度的增加,不均匀沉降引起的上部结构的附加内力逐渐减小,剪力墙内部产生的附加弯矩随着筏板厚度的增加而减小,上部结构趋于安全;随着沉降差的增加,不均匀沉降引起的上部结构的附加内力逐渐增大,沉降差增加 1 倍,柱子的附加轴力值和剪力墙的附加弯矩值成倍增加,就本例而言,在绝对最大沉降差达到 9 mm 左右时,结构甚至发生破坏。

(3)在与天津滨海新区地质条件类似的软土地基中,单独采用筏形基础可能导致上部结构由于不均匀沉降过大而产生过大的内力,造成结构破坏。这是因为在此种地质条件下,地基土过软,基础的沉降曲面过弯,从而导致上部结构产生过大的内力。因此,实际工程中一般均应对地基进行处理(如打桩等),本书直接对软土地基的情况进行分析,其方法具有一般性。

第7章 剪力墙简化结构二元件模型

7.1 二元件模型介绍

在使用有限元软件分析高层剪力墙结构体系的问题时，结构体系的有限元模型可以分成微观模型与宏观模型两种。在微观模型中，常将剪力墙作为平面应力问题来考虑，在剪力墙的二维平面单元的基础上，引入钢筋的作用并考虑一系列复杂因素的影响。在研究局部构件或需要研究剪力墙应力分布时，常应用到此模型。宏观模型是把结构体系中的一段墙肢作为一个单元来计算，忽略复杂的细节因素，这样可以大幅度地减少体系的自由度以及计算工作量。本节介绍的二元件模型是一种宏观模型，二元件模型的实质是采用两个一维单元组合形成一种新的单元模型。

剪力墙的二元件模型是指将剪力墙理想化为连接上下楼板水平无限刚梁的串联水平弹簧和转动弹簧组件。如图 7-1 所示，其中水平弹簧用来模拟剪力墙结构的横向剪切刚度，转动弹簧用来模拟剪力墙结构的弯曲刚度。在弹簧组件和下部刚性梁之间引入一高度为 ch 的有限刚元件，此元件顶点代表上下楼面的相对转动中心，如图 7-2 所示。根据 c 值可以确定相对位移 $\Delta\mu_f$ 和相对转动 $\Delta\theta$ 之间的关系。

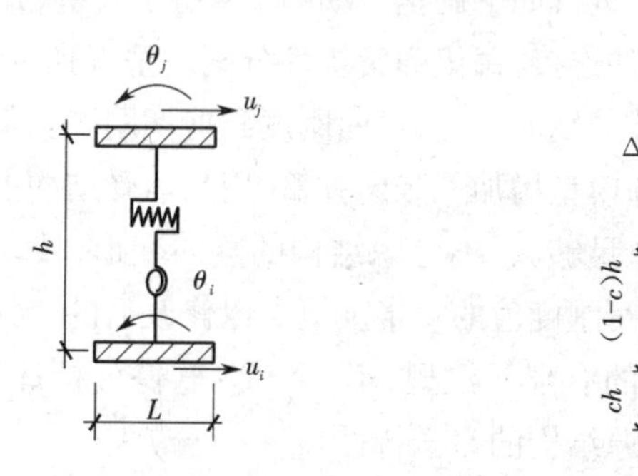

图 7-1 二元件模型

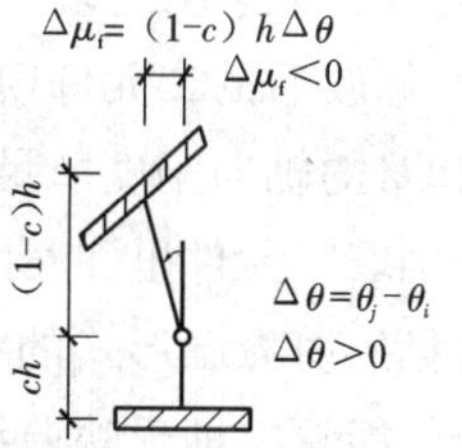

$\Delta\mu_f=(1-c)h\Delta\theta$ $\Delta\mu_f<0$ $(1-c)h$ ch $\Delta\theta=\theta_j-\theta_i$ $\Delta\theta>0$

图 7-2 相对转动和相对位移的关系

剪切弹簧的初始弹性剪切刚度计算公式为

$$K_s=\frac{GA_w}{kh} \tag{7-1}$$

式中：G 为混凝土弹性剪切模量，《混凝土结构设计规范》中介绍，混凝土的剪切变形模量 G 可按相应弹性模量值的 40% 采用；A_w 为剪力墙截面面积；h 为层高；k 为剪切变形系数。

$$k=\frac{3(1+u)[1-u^{2}(1-v)]}{4[1-u^{3}(1-v)]} \tag{7-2}$$

式中：u、v 是墙截面的几何参数，如图 7-3 所示。

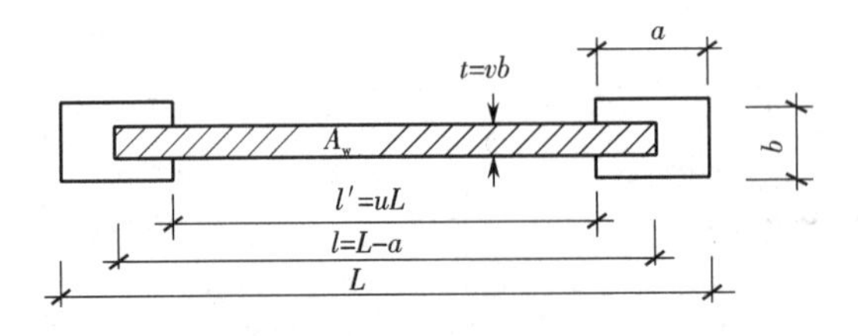

图 7-3 墙截面几何参数

转动弹簧的初始弯曲刚度计算公式为

$$K_{\phi}=2(1-c)E_{h}I/h \tag{7-3}$$

式中：$c=0.5$，E_h为混凝土的弹性模量，I 为墙截面惯性矩（将竖向钢筋按轴压刚度相等等效成混凝土面积，再求其惯性矩）。

7.2 修改后的二元件模型介绍

由于剪力墙结构具有平面布置灵活、复杂的特点，在建立整体结构的物理模型时，若将弹簧组件布置在每段墙肢的中心位置，不但会给剪力墙上部框架梁的布置造成诸多不便，而且无法发挥剪力墙对空间的分割作用。因此，为了更方便、真实地建立有限元模型，现将上述二元件模型进行如下调整。如图 7-4 所示，代表楼板的水平无限刚梁由位于两侧的两组弹簧组件连接，每组弹簧组件分别由垂直弹簧、转动弹簧和水平弹簧组成，各自代表了剪力墙的轴向刚度、弯曲刚度和剪切刚度。新模型与原始二元件模型相比，修改后的二元件模型增加了竖向弹簧，用来承受结构上的竖向荷载，但本书中垂直弹簧的轴向刚度取足够大，不考虑结构的竖向变形；转动弹簧和水平弹簧的刚度值分别取二元件里弹簧刚度值的一半。下文以修改后的二元件模型为基础来建立 3 种常见的剪力墙形式的有限元模型，用 ANSYS 软件分析计算，以验证调整后的模型是否仍能真实地反映原结构的力学特性。

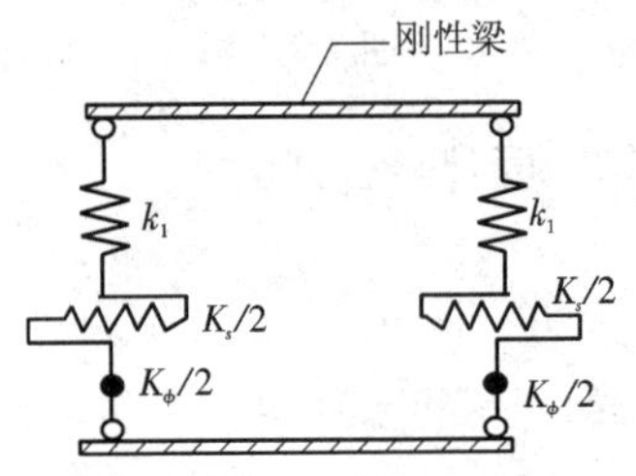

图 7-4 修改后的二元件模型

对于修改后的二元件模型，在计算剪切弹簧的剪切变形系数 k 时，引入一个系数 λ，λ 为剪力墙剪切变形时的截面形状系数，是指由于剪应力沿截面分布不均匀，而对平均剪应变 $Q/(FG)$ 所做的修正系数。它是一无名数，与外载荷和横截面的大小无关，而仅与横截面的形状有关。关于 λ 的取值，查阅相关的资料文献，认为对于矩形截面 $\lambda=1.2$。修正后的剪切弹簧的剪切变形系数 k 的计算公式改为

$$k=\frac{3\lambda(1+u)[1-u^2(1-v)]}{4[1-u^3(1-v)]} \tag{7-4}$$

7.3　弹性阶段的简单算例比较

本节以修改后的弹簧二元件模型为基础，详细介绍几种常见的剪力墙形式——无翼缘的单肢剪力墙、有翼缘的单肢剪力墙、联肢剪力墙的几何模型和有限元模型的建立方法，然后针对每一种剪力墙形式比较壳单元和弹簧单元的计算结果，从而验证修改后的二元件模型的计算精度及其在工程应用中的可行性。

7.3.1　无翼缘的单肢剪力墙

为了在单肢剪力墙的计算中考虑楼板的作用，在有限元模型中建立两道单肢墙来支撑楼板。如图 7-5 所示的单肢剪力墙，平面尺寸为 3.6 m×3.6 m，受到水平侧向荷载（$F_y=1\ 000$ N）作用，设剪力墙的高度为 2.9 m（取一个层间高度），墙肢宽度为 3.6 m，墙肢两端暗柱的尺寸为 0.4 m×0.25 m，两墙肢之间间隔为 3.6 m，楼板厚度为 100 mm，剪力墙、楼板均采用现浇钢筋混凝土，混凝土强度等级为 C35，钢筋混凝土的密度为 2 700 kg/m^3，弹性模量按混凝土的弹性模量取值，泊松比取为 0.2。坐标轴选取见图 7-5，分别用壳单元和弹簧单元建立有限元模型，如图 7-6 所示。其中，等效弹簧单元刚度计算按照式（7-1）、式（7-3）和式（7-4）计算，计算结果见表 7-1。

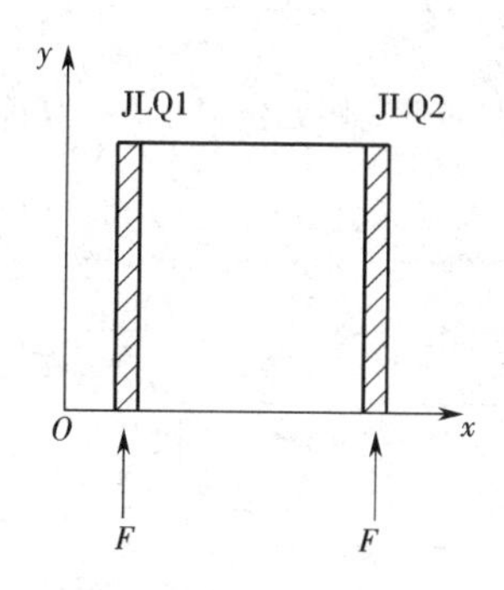

图 7-5　单肢剪力墙平面图

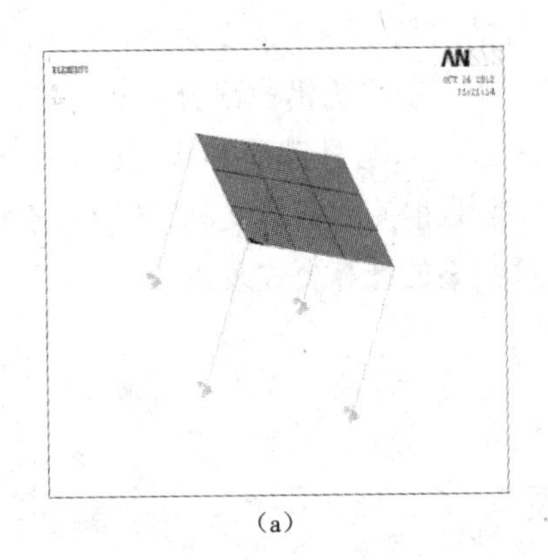
(a)

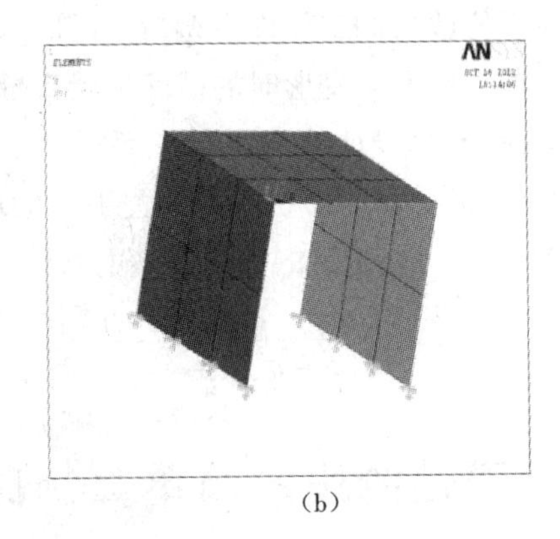
(b)

图 7-6　单肢剪力墙的有限元模型

(a)壳单元模型　(b)弹簧单元模型

表 7-1　弹簧单元刚度计算值($\times 10^{10}$ N/m)

弹簧刚度	$K_s/2$	$K_\phi/2$
剪力墙等效刚度	0.094 9	0.228 6

由于结构是左右对称布置,施加的也是对称荷载,因此在这里只比较左侧剪力墙的顶点位移值,模型划分网格时,节点布置如图 7-7 所示,计算结果见表 7-2。

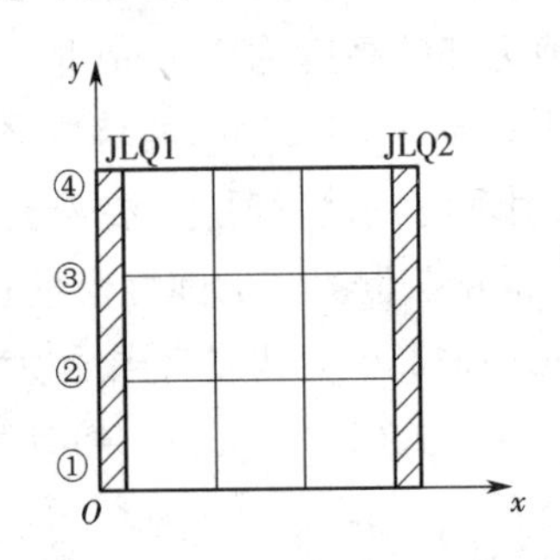

图 7-7　有限元模型节点布置图

表 7-2　有限元模型 y 向位移值($\times 10^{-6}$ m)

节点编号	1	2	3	4	平均值
壳单元节点 y 向位移	0.571	0.505	0.481	0.478	0.509
弹簧单元节点 y 向位移	0.578	0.540	0.513	0.475	0.527
x 坐标值	0	0	0	0	
y 坐标值	0	1.2	2.4	3.6	

从图 7-8 所示两种模型位移值对比图可以看出,在线弹性阶段,用修正后的二元

件简化模型模拟剪力墙，与经典的壳单元模型相比，在计算顶点位移时，弹簧单元计算的顶点位移值偏大，即弹簧单元模型刚度偏小。从表 7-2 的计算结果可以看出，若将 4 个节点的平均位移值作为剪力墙的顶点位移，那么两种模型的剪力墙顶点位移值相差 3.6%，因此修改后的弹簧二元件模型仍能真实地反映剪力墙的顶点侧移，且整体刚度与原结构相近，二者吻合较好。

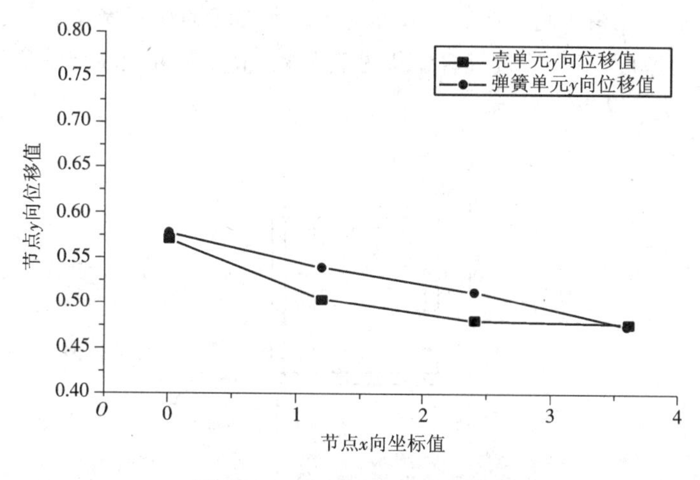

图 7-8　两种模型位移值对比图

7.3.2　有翼缘的单肢剪力墙

对带翼缘的剪力墙，考虑翼缘对墙肢水平截面正应力的影响时，当翼宽翼厚比不大于 10 时，墙肢截面的正应力随着翼缘宽度的增加而显著衰减，而当翼宽翼厚比大于 10 时，这种衰减变缓。翼缘的宽度对墙肢截面的水平剪应力的影响不大，其分布形态与矩形截面的剪应力分布形态基本相同，大小随翼缘宽度的增加而略有降低。翼缘的宽度对剪力墙顶点侧移的影响与对墙肢横截面正应力的影响类似，当翼宽翼厚比不大于 12 时，侧移随翼宽的增加而显著衰减，当翼宽翼厚比大于 12 时，这种衰减变得很慢。综上所述，在短肢剪力墙的墙肢正截面强度设计和墙体的侧移计算时，应考虑翼墙的参与作用，当翼墙有足够的宽度时，有效翼宽可取为 12 倍翼墙厚度，当翼墙没有足够宽度时，有效翼宽可取翼墙宽度的一半。而在斜截面受剪承载力计算时，可以不考虑翼墙的作用。

下面以高层住宅结构中常见的电梯井剪力墙构件为例，对比弹簧单元和壳单元的计算结果。根据《高层建筑混凝土结构技术规程》的规定，在计算剪力墙结构的内力和位移时，应考虑纵、横墙的共同作用，即在横向水平荷载作用下，纵墙作为横墙的有效翼缘来考虑；在纵向水平荷载作用下，横墙作为纵墙的有效翼缘来考虑。

如图 7-9 所示的电梯井剪力墙，平面尺寸为 2.4 m×2.4 m，受到水平侧向荷载

(F_y = 1 000 N)作用,设剪力墙的高度为 2.9 m(取一个层间高度),墙肢宽度为 2.4 m,墙肢两端暗柱的尺寸为 0.25 m×0.25 m,x、y 向两墙肢之间间隔均为 2.4 m,楼板厚度为 100 mm,剪力墙、楼板采用现浇钢筋混凝土,混凝土强度等级为 C35,钢筋混凝土的密度为 2 700 kg/m^3,弹性模量按混凝土的弹性模量取值,泊松比取为 0.2。坐标轴选取见图 7-9,分别用壳单元和弹簧单元建立有限元模型,如图 7-10 所示。在计算弹簧单元刚度时,由于将 x 向剪力墙作为 y 向剪力墙的端部翼缘来考虑,翼缘宽度取 12 倍的翼墙厚度,等效刚度计算结果见表 7-3。节点布置顺序与图 7-7 相同,两种模型结果对比见表 7-4。

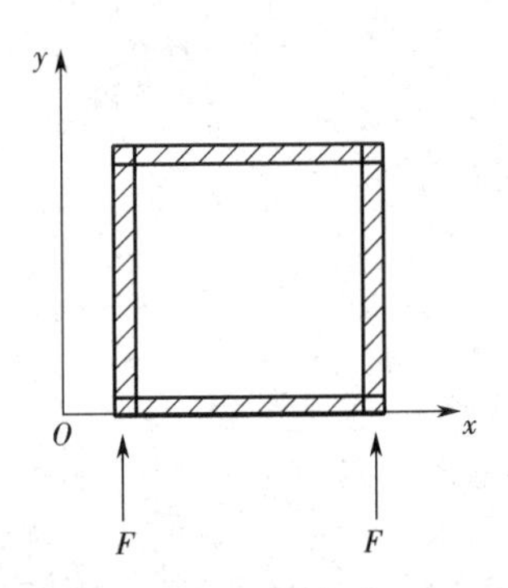

图 7-9　电梯井剪力墙平面图

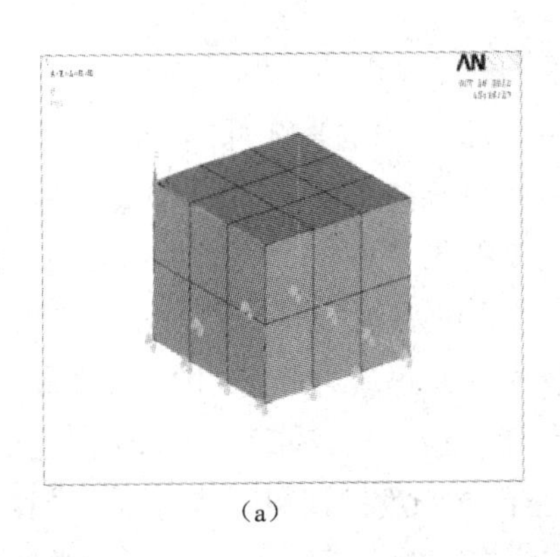

(a)

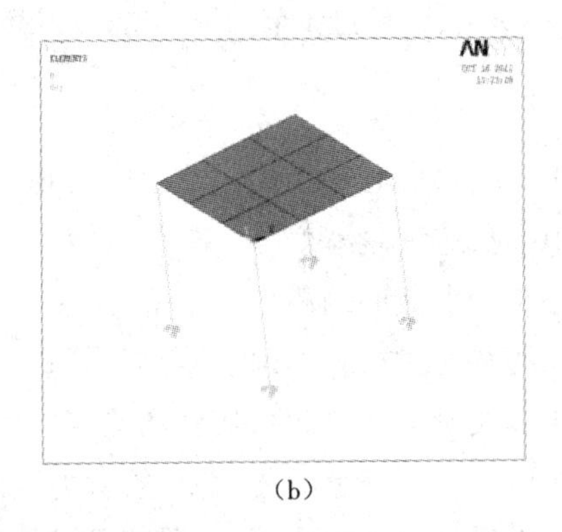

(b)

图 7-10　电梯井剪力墙的有限元模型

(a)壳单元模型　(b)弹簧单元模型

表 7-3　弹簧单元刚度计算值($\times 10^{10}$ N/m)

弹簧刚度	$K_s/2$	$K_\phi/2$
剪力墙等效刚度	0.078 5	0.08

表 7-4　有限元模型 y 向位移值（$\times 10^{-6}$ m）

节点编号	1	2	3	4	平均值
壳单元节点 y 向位移	0.667	0.611	0.590	0.585	0.613
弹簧单元节点 y 向位移	0.688	0.650	0.623	0.585	0.637
x 坐标值	0	0	0	0	
y 坐标值	0	0.8	1.6	2.4	

在本节的电梯井剪力墙构件示例中，将 x 向剪力墙视为 y 向剪力墙端部翼缘，其翼宽翼厚比为 6.4，小于上述界限值 10，因此将其作为有效翼缘考虑，并通过 ANSYS 建模验证比对剪力墙的顶点位移值。从图 7-11 所示两种模型位移值对比图可以看出，在线弹性阶段，用修正后的二元件简化模型模拟剪力墙，与经典的壳单元模型相比，在计算结构顶点位移时，弹簧单元计算的位移值偏大，即模型整体刚度偏小。从表 7-4 的计算结果可以看出，若将 4 个节点的平均位移值作为剪力墙的顶点位移，那么两种模型的剪力墙顶点位移值相差 3.7%，因此用调整过的简化模型仍能真实地反映剪力墙的顶点侧移，且整体刚度与原结构相近，二者吻合较好。

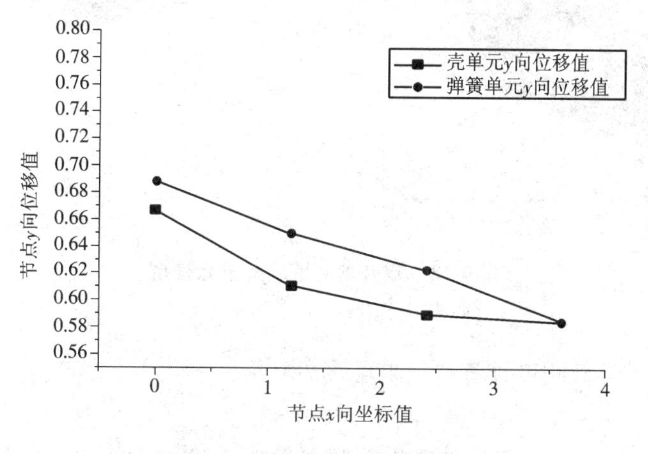

图 7-11　两种模型位移值对比图

7.3.3　联肢剪力墙

如图 7-12 所示的双肢剪力墙，平面尺寸为 5.4 m × 1.5 m，受到水平侧向荷载（F_x = 1 000 N）作用，设剪力墙的高度为 2.9 m（取一个层间高度），两墙肢轴线之间的距离为 2.7 m，楼板厚度为 100 mm，连梁截面尺寸为 0.25 m × 0.56 m，连梁的净跨度为 1.8 m，剪力墙、楼板采用现浇钢筋混凝土，混凝土强度等级为 C35，钢筋混凝土的密度为 2 700 kg/m^3，弹性模量按混凝土的弹性模量取值，泊松比取为 0.2。坐标轴选取见图 7-12，分别用壳单元和弹簧单元建立有限元模型，如图 7-13 所示。在建立物理模型时,将此双肢剪力墙简化为由连梁连接的两段单肢墙,连梁按其实际截面用BEAM4 单元建立。

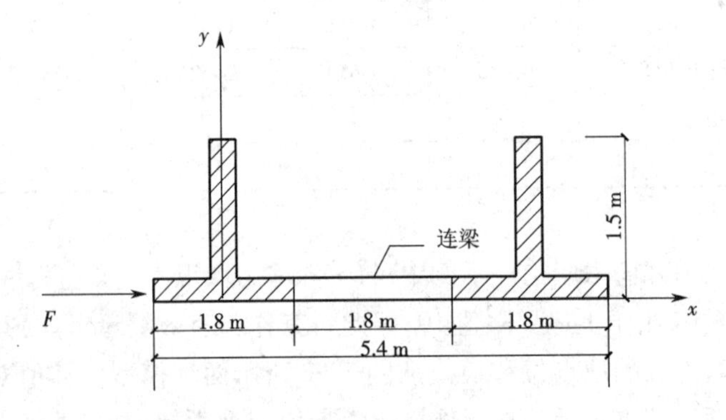

图 7-12 双肢剪力墙平面图

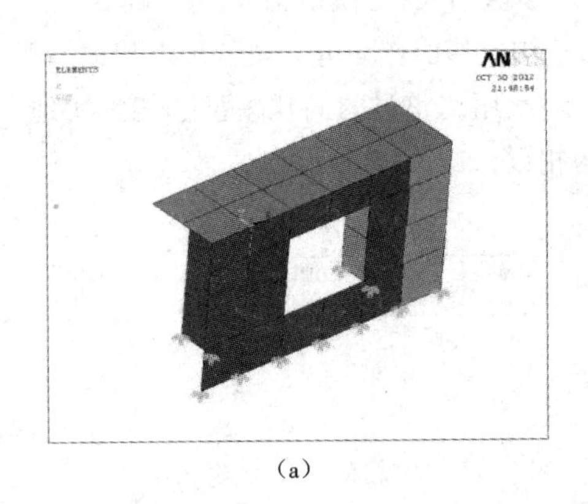

(a)

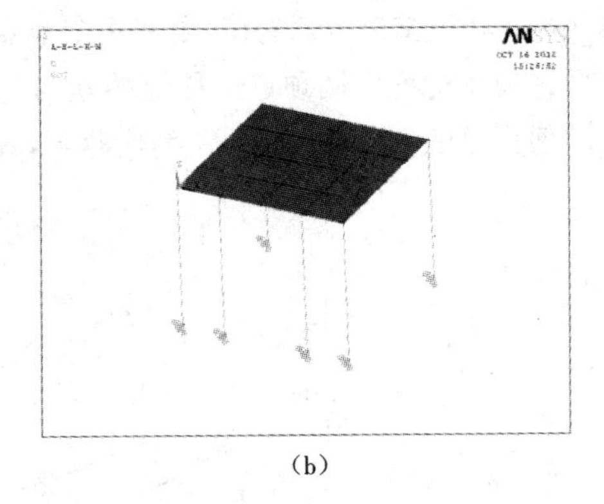

(b)

图 7-13 双肢剪力墙的有限元模型

(a)壳单元模型 (b)弹簧单元模型

弹簧单元的等效刚度计算值结果见表 7-5。

表 7-5 弹簧单元刚度计算值($\times 10^{10}$ N/m)

弹簧刚度	$K_s/2$	$K_\phi/2$
剪力墙等效刚度	0.020 4	0.043 4

图 7-14 为有限元模型划分网格时的节点布置图,壳单元与弹簧单元的计算结果见表 7-6。

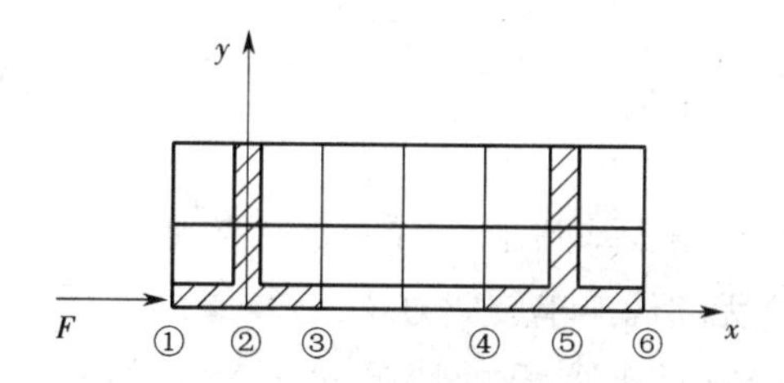

图 7-14 双肢剪力墙有限元模型节点布置图

表 7-6 有限元模型 x 向位移值（$\times 10^{-6}$ m）

节点编号	1	2	3	4	5	6	平均值
壳单元节点 y 向位移	0.856	0.650	0.522	0.480	0.473	0.469	0.575
弹簧单元节点 y 向位移	0.663	0.590	0.536	0.490	0.475	0.453	0.535
x 坐标	-0.9	0	0.9	2.7	3.6	4.5	
y 坐标	0	0	0	0	0	0	

从图 7-15 所示两种模型位移值对比图可以看出，在线弹性阶段，用修正后的二元件模型模拟双肢剪力墙构件，与经典的壳单元模型相比，在计算结构顶点位移时，弹簧单元计算的顶点位移值偏小，即修改后的二元件模型刚度偏大。从表 7-6 的计算结果可以看出，若将 6 个节点的平均位移值作为剪力墙的位移，那么两种模型的剪力墙顶点位移值相差 7%，吻合较好，因此用调整过的简化模型仍能真实地反映剪力墙的顶点侧移，且整体刚度与原结构相近。

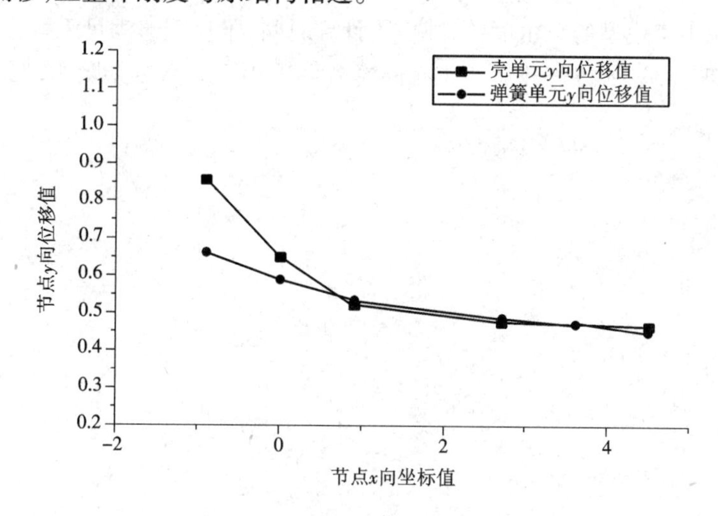

图 7-15 两种模型位移值对比图

7.4 本章小结

本章以弹簧二元件模型为基础，提出了修改后的弹簧二元件模型，并分别用壳单元和弹簧简化模型建立无翼缘的单肢剪力墙、有翼缘的单肢剪力墙和联肢剪力墙的ANSYS 有限元模型，在施加相同荷载的情况下，比较三种模型在计算剪力墙顶点位移值时的计算精度，总结如下。

1. 无翼缘单肢剪力墙

有翼缘单肢剪力墙的壳单元和弹簧单元的节点位移对比见图 7-8，取 4 个节点的平均值作为剪力墙的顶点位移值，壳单元剪力墙模型位移值为 0.509×10^{-6} m，弹簧单元剪力墙模型位移值为 0.527×10^{-6} m，二者相差 3.6%。

2. 有翼缘单肢剪力墙

有翼缘单肢剪力墙的壳单元和弹簧单元的节点位移对比见图 7-11，取 4 个节点的平均值作为剪力墙的顶点位移值，壳单元剪力墙模型位移值为 0.613×10^{-6} m，弹簧单元剪力墙模型位移值为 0.637×10^{-6} m，二者相差 3.7%。

3. 联肢剪力墙

联肢剪力墙的壳单元和弹簧单元的节点位移对比见图 7-15，取 6 个节点的平均值作为剪力墙的顶点位移值，壳单元剪力墙的顶点位移值为 0.575×10^{-6} m，弹簧单元剪力墙的顶点位移值为 0.535×10^{-6} m，二者相差 7%。

修改后的弹簧二元件模型与壳单元模型相比，修改后的弹簧二元件模型做了较大的简化，减小了模型的自由度数，减少了计算时间，不仅能够满足工程应用，还能满足一定的精度要求，所以修改后的二元件模型可适用于大型复杂剪力墙结构的分析研究。

第8章 剪力墙简化结构反分析研究

8.1 ANSYS有限元模型的建立

本工程位于天津市滨海新区，是高层钢筋混凝土剪力墙结构（鸿正二期19号楼）。该结构共18层，1～2层层高为3.5 m，3～18层层高为2.9 m，结构总高度为53.34 m，平面尺寸为30.6 m×15.55 m。该工程采用的是桩筏基础，筏板厚度为1.2 m。梁、板、剪力墙均采用现浇钢筋混凝土，层高为-0.06～6.94 m的剪力墙混凝土强度等级为C40，层高为6.94～53.34 m的剪力墙混凝土强度等级为C35，楼板、伪框架梁的混凝土等级为C35。钢筋混凝土的密度为2 700 kg/m^3，弹性模量按混凝土的弹性模量取值，泊松比取为0.2。该地区抗震设防烈度为7度，剪力墙抗震等级为二级。结构平面图如图8-1所示。

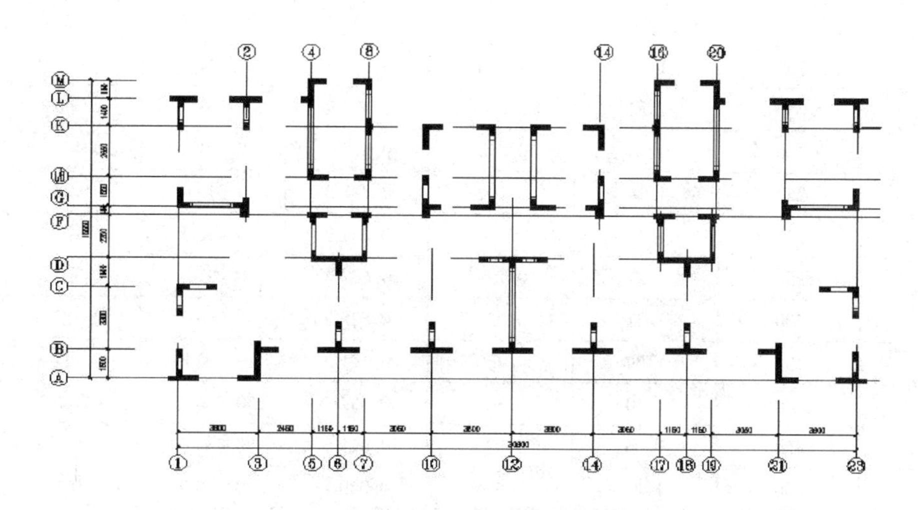

图8-1 标准层结构平面图

8.1.1 弹簧单元刚度计算

该结构体系的弹簧单元刚度计算可分为三种情况：一种是双肢剪力墙，即轴线Ⓐ、轴线Ⓚ上的剪力墙；一种是多肢剪力墙，即轴线Ⓑ、Ⓛ、Ⓜ上的剪力墙；还有一种是独立墙肢,即其余的所有剪力墙。

轴线Ⓐ、Ⓑ、Ⓚ、Ⓛ、Ⓜ上的剪力墙为开有门窗洞的联肢墙。其余墙体均为整体墙,且都为独立墙肢,独立墙肢的弹簧单元等效刚度直接套用第8章的公式计算。下面对联肢墙的弹簧单元刚度计算方法依次进行介绍:Ⓐ轴、Ⓚ轴上的双肢剪力墙按照本书2.4节的方法建模,即将双肢剪力墙简化为由连梁连接的两个单肢墙,每片单肢墙的弹簧组件等效刚度按公式分别计算。对于轴线Ⓑ上的联肢剪力墙,也参照此法将8个墙肢视为由相应连梁连接的8片单肢剪力墙,并用公式分别计算每片墙肢的弹簧组件等效刚度。若剪力墙轴线稍有错开,只要错开距离不大于实体连接墙厚度的8倍,并且不大于2.5 m时,整片墙可作为整体平面墙考虑。轴线Ⓛ、Ⓜ错开的距离为0.95 m,满足上述要求,因此将两轴线上的剪力墙视为整体平面墙,其计算弹簧单元等效刚度的算法与Ⓑ轴相同。简化模型的弹簧单元等效刚度的计算结果见表8-1。

表8-1 简化模型的弹簧单元等效刚度计算表

墙号	墙厚(mm)	k	A_w(m^2)	I(m^4)	$K_s/2$(N/mm)	$K_\phi/2$(N/mm)
1	250	1.05	0.152	0.004 7	0.022 4	0.004 3
	200	1.05	0.122	0.003 7	0.020 9	0.002 0
2	250	1.19	0.340	0.053 0	0.044 4	0.024 6
	200	1.19	0.270	0.042 4	0.041 8	0.023 0
3	250	1.33	0.940	1.089 9	0.108 4	0.506 0
	200	1.33	0.750	0.878 9	0.101 4	0.477 2
4	250	1.24	0.590	0.277 3	0.073 4	0.128 8
	200	1.24	0.470	0.221 9	0.068 3	0.120 5
5	250	1.31	0.790	0.657 4	0.093 0	0.305 2
	200	1.31	0.630	0.525 9	0.086 7	0.285 6
6	250	1.50	0.450	0.121 5	0.092 9	0.112 8
	200	1.50	0.360	0.097 2	0.086 8	0.105 6
7	250	1.06	0.270	0.025 5	0.039 0	0.011 8
8	250	1.11	0.360	0.060 7	0.049 9	0.028 2

8.1.2 基本假定

高层剪力墙建筑是一个复杂的空间结构,它不仅平面布置形式多变、立面体形也各种各样,而且结构形式和结构体系各不相同。对这种空间结构在使用有限元软件分析计算时,就必须进行必要的物理模型简化,引入一些基本假定,得到合理的有限元模型。

（1）墙肢和连梁的特征值，即墙肢和连梁的截面面积、惯性矩、材料的弹性模量等，沿建筑高度保持不变，1 ~ 2 层层高为 3.5 m，3 ~ 18 层层高为 2.9 m。

（2）对于单肢剪力墙，当墙截面宽度在（0.4 ~ 1.9）h_0（层高）的测量范围内时，单肢剪力墙的弯曲前平截面在弯曲后仍保持为平面。对于联肢墙，按照“强墙肢弱连梁”的原则设计开洞剪力墙，按照“强剪弱弯”的要求设计墙肢和连梁构件，此时，连梁具有足够的延性，在水平荷载作用下，塑性铰会首先出现在连梁的端部，此时对墙肢来说符合平截面假定。

（3）墙肢附近楼板的平面内刚度很大，可以视为刚度无限大的平板；刚性楼板将各平面抗侧力构件连接在一起共同承受侧向水平荷载。墙肢的线刚度比连梁的线刚度大得多，根据这条假定，每片墙肢所受弯矩作用与其抗弯刚度成正比。

（4）剪力墙结构在横向水平荷载作用下，只考虑横墙起作用，而“略去”纵墙的影响；在纵向水平荷载作用时，只考虑纵墙起作用，而“略去”横墙的影响。需要指出的是，这里所谓的“略去”另一方向剪力墙的影响，并非完全略去，而是将其影响体现在与它相交的另一方向剪力墙结构端部存在的翼缘，将翼缘部分作为剪力墙的一部分来计算。

（5）在非抗震设计时，在竖向荷载和风荷载作用下，结构应保持正常使用状态，结构处于弹性工作阶段，所以从结构整体来说，基本处于弹性工作状态，按弹性方法计算。

8.1.3　整体有限元模型规划

该混凝土剪力墙结构由剪力墙、连梁、楼板组成。剪力墙除了承受结构的竖向荷载以外，还要用于增加结构的侧向刚度，同时抵抗水平荷载，水平向的伪框架梁既用于连接结构中的墙肢，又用来支撑楼板。楼板用于承受每层的竖向荷载，并将荷载传递给剪力墙，同时增加体系的刚度和整体性。

在有限元模型中，将缺失的剪力墙的质量折合到楼板上，经计算后楼板的密度取为 8 883 kg/m^3；剪力墙、连梁的密度取为 2 500 kg/m^3；1 ~ 2 层材料的弹性模量按照 C40 混凝土取值，取为 3.25×10^{10} N/m^2；3 ~ 18 层材料的弹性模量按照 C35 混凝土取值，取为 3.15×10^{10} N/m^2。弹簧的剪切刚度和转动刚度按表 8-1 的计算值输入。由于该工程的Ⓛ轴与Ⓜ轴的错开距离为 0.95 m，小于实体连接墙厚度的 8 倍，并且不大于 2.5 m，因此在建立有限元模型时，拉平Ⓛ、Ⓜ轴。由于本书只考虑不均匀沉降对上部结构的影响，因此在建立模型后，建筑物底层标高为 −0.06 m 处的节点约束其全部自由度，整个结构的有限元模型如图 8-2 所示。

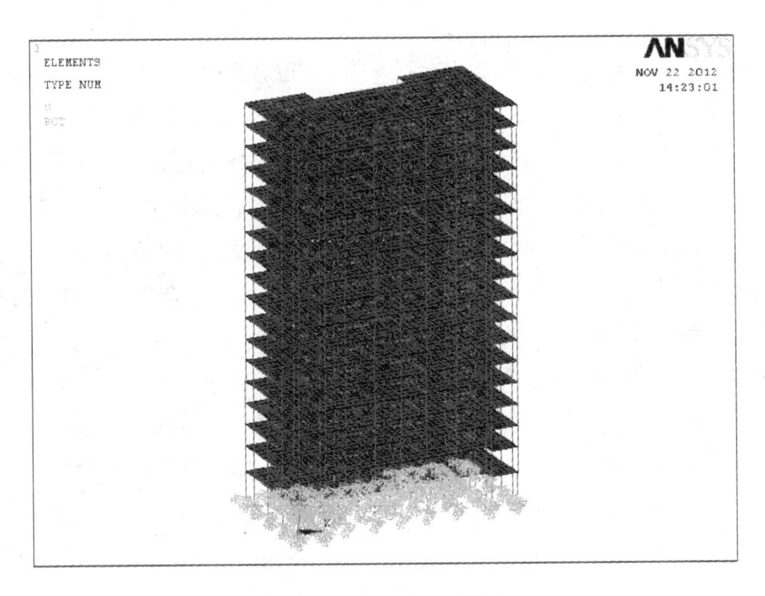

图 8-2　整体有限元模型

8.2　不均匀沉降的反分析

8.2.1　沉降曲面方程确定

本章的主要目的是研究不均匀沉降对上部结构的影响,即反分析。由于现场监测点的实测位移值具有离散性较强的特点,且监测点都位于建筑物外沿,导致无法确定建筑物沉降曲面的形状和曲率,因此需要通过直接反分析法来拟合建筑物的不均匀沉降曲面方程。

参照前述研究内容,整个沉降曲面可用二次抛物曲面方程 $z = a_1 + a_2x + a_3y + a_4x^2 + a_5y^2$ 来表示。现有天津市滨海新区鸿正二期 19 号楼的实际沉降数据和测点布置图,先通过该建筑物的长宽比、桩长和筏板厚度来确定抛物曲面方程的二次项系数 a_4、a_5,再通过建筑物的实测沉降值作为边界条件求出一次项系数 a_1、a_2、a_3。本工程为 18 层的剪力墙结构,基础形式为桩筏基础,筏板厚 1.2 m,桩基的有效桩长为 25.5 m,建筑物的长为 30.6 m、宽为 15.55 m,长宽比为 1.97。现有本工程在不同时期检测得到的两组沉降值,分别将其视为工况一和工况二,具体沉降值见表 8-2。工况一的最大沉降值为 25.87 mm,工况二的最大沉降值为 29.88 mm,最大沉降值增大了 13.4%。工况一的最大沉降差为 5.65 mm,工况二的最大沉降差为 5.89 mm,最大沉降差增大了 4.1%。

表8-2　各测点沉降值

测点号	对应坐标值		最终沉降值(mm)	
	x(m)	y(m)	工况一	工况二
1	0	15.55	-20.22	-23.99
2	8.5	15.55	-23.5	-27.51
3	21.5	15.55	-24.98	-29.34
4	30.6	15.55	-23.47	-28.07
5	30.6	9	-25.03	-29.51
6	30.6	0	-23.85	-28.16
7	18.6	1.5	-25.87	-29.88
8	11.4	1.5	-25.05	-28.87
9	0	0	-20.6	-24.08
10	0	9	-21.78	-25.43

根据本工程的实际情况,得到两个工况的沉降曲面方程。

工况一:

$$z = -0.0206 - 0.00049x - 0.000345y + 0.00001267x^2 + 0.00002376y^2 \tag{8-1}$$

工况二:

$$z = -0.02408 - 0.000521x - 0.000364y + 0.00001267x^2 + 0.00002376y^2 \tag{8-2}$$

8.2.2　沉降数据分析

8.2.2.1　工况一数据分析

以鸿正二期19号楼为分析对象,采用ANSYS有限元分析软件对该剪力墙结构进行反分析研究,约束结构底部节点的全部自由度,不施加外部荷载,仅在结构自重作用下,将工况一的沉降曲面方程施加在结构底部节点上。本节旨在考察不均匀沉降对上部结构的影响,主要从以下三个方面分析:最大层间水平位移、剪力墙的附加剪力和附加弯矩,以对日后的结构设计或结构加固提供理论依据。

1. 结构的最大侧向位移、层间位移

在正常使用条件下,限制结构弹性层间变形的目的主要有两个:一是为防止填充墙、装修等非结构构件开裂或产生明显损伤;二是保证主体结构基本处于弹性受力状态。在本工程的反分析研究中,由工况一的不均匀沉降值引起的上部结构最大水平位移值和最大层间位移值如表8-3所示，可以看出顶层的最大层间水平位移值最大。本工程在发生工况一的不均匀沉降的情况下，最大水平位移发生在顶层的Ⓐ-①处，最大水平位移为5.32×10^{-5} m，最大层间位移为3.47×10^{-6} m。

表8-3　楼层最大水平位移与层间位移

层数	最大水平位移(m)	最大层间位移(m)
1	0.11×10^{-6}	—
2	3.30×10^{-6}	3.19×10^{-6}
3	6.51×10^{-6}	3.21×10^{-6}
4	9.46×10^{-6}	2.95×10^{-6}
5	1.25×10^{-5}	3.03×10^{-6}
6	1.55×10^{-5}	3.01×10^{-6}
7	1.85×10^{-5}	3.01×10^{-6}
8	2.15×10^{-5}	3.01×10^{-6}
9	2.45×10^{-5}	3.01×10^{-6}
10	2.75×10^{-5}	3.02×10^{-6}
11	3.06×10^{-5}	3.02×10^{-6}
12	3.36×10^{-5}	3.03×10^{-6}
13	3.66×10^{-5}	3.04×10^{-6}
14	3.97×10^{-5}	3.07×10^{-6}
15	4.28×10^{-5}	3.08×10^{-6}
16	4.63×10^{-5}	3.46×10^{-6}
17	4.98×10^{-5}	3.47×10^{-6}
18	5.32×10^{-5}	3.47×10^{-6}

2. 剪力墙的附加剪力

对ANSYS有限元模型施加工况一的不均匀沉降后，剪力墙产生了显著的附加剪力。表8-4仅列出附加剪力最大的剪力墙在不同高度处的附加剪力值（假设剪力墙两端节点分别是I、J）。

表8-4　剪力墙的附加剪力值

层数	节点I剪力(kN)	节点J剪力(kN)	附加剪力值(kN)
1	4.69	4.69	9.38
2	4.69	4.69	9.38

续表

层数	节点 I 剪力(kN)	节点 J 剪力(kN)	附加剪力值(kN)
3	4.69	4.69	9.38
4	4.68	4.68	9.36
5	4.67	4.67	9.34
6	4.66	4.66	9.32
7	4.64	4.64	9.28
8	4.61	4.61	9.22
9	4.60	4.60	9.20
10	4.53	4.53	9.06
11	4.50	4.50	9.00
12	4.42	4.42	8.84
13	4.25	4.25	8.50
14	4.18	4.18	8.36
15	3.78	3.78	7.56
16	3.63	3.63	7.26
17	3.02	3.02	6.04
18	2.64	2.64	5.28

从表 8-4 的数据可以看出，施加工况一的不均匀沉降后，剪力墙的附加剪力随着层高数的增加呈逐渐减小的趋势。剪力墙的最大附加剪力值是 9.38 kN。可以看出，本工程在发生不均匀沉降时，建筑物周边剪力墙所承受的附加剪力值要大于建筑物内部剪力墙所承受的附加剪力值。

3. 剪力墙的附加弯矩

对 ANSYS 有限元模型施加工况一的不均匀沉降后，上部结构的剪力墙产生了明显的附加弯矩。比较同一层剪力墙的附加弯矩，沿结构外沿布置的剪力墙产生的附加弯矩值明显大于结构内部布置的剪力墙产生的附加弯矩值，这是由于结构外沿布置的剪力墙构件多于结构内部布置的剪力墙构件，导致结构外沿刚度偏大。表 8-5 仅列出附加弯矩最大的剪力墙在不同高度处的附加弯矩值（假设剪力墙两端节点分别是 I、J）。

表 8-5　剪力墙的附加弯矩值

层数	节点 I 弯矩(kN·m)	节点 J 弯矩(kN·m)	附加弯矩值(kN·m)
1	65.67	65.67	131.34

续表

层数	节点 *I* 弯矩(kN·m)	节点 *J* 弯矩(kN·m)	附加弯矩值(kN·m)
2	61.03	61.03	122.06
3	56.53	56.53	113.06
4	52.19	52.19	104.38
5	48.01	48.01	96.02
6	43.98	43.98	87.96
7	40.09	40.09	80.18
8	36.32	36.32	72.64
9	32.66	32.66	65.32
10	29.10	29.10	58.20
11	25.63	25.63	51.26
12	22.24	22.24	44.48
13	18.92	18.92	37.84
14	15.66	15.66	31.32
15	12.45	12.45	24.90
16	9.27	9.27	18.54
17	6.13	6.13	12.26
18	3.02	3.02	6.04

从表8-5的数据可以看出,施加工况一的不均匀沉降后,剪力墙的附加弯矩随着层高数的增加呈现出逐渐减小的趋势。剪力墙的最大附加弯矩值是131.34 kN·m。可以看出,本工程在发生工况一的不均匀沉降时,建筑物周边剪力墙所受的附加弯矩值要大于建筑物内部剪力墙所承受的附加弯矩值。

8.2.2.2　工况二数据分析

采用ANSYS有限元分析软件对该剪力墙结构进行反分析研究,结构底部节点约束全部自由度,将工况二的沉降曲面方程施加在结构底部节点上。本节旨在考察随着不均匀沉降值的增大引起上部结构的附加内力和附加变形的变化规律,因此仍从以下三个方面分析:最大层间水平位移、剪力墙的附加剪力和附加弯矩。

1. 结构的最大侧向位移、层间位移

在本工程的反分析研究中,工况二的不均匀沉降引起的上部结构水平位移值和层间位移值如表8-6所示。从表中可以看出顶层的最大层间水平位移最大,最大水平位移为6.74×10^{-5} m,最大层间位移为4.42×10^{-6} m。

表 8-6　楼层最大水平位移与层间位移

层数	最大水平位移(m)	最大层间位移(m)
1	0.17×10^{-6}	—
2	4.01×10^{-6}	3.84×10^{-6}
3	8.36×10^{-6}	4.35×10^{-6}
4	1.21×10^{-5}	3.76×10^{-6}
5	1.60×10^{-5}	3.84×10^{-6}
6	1.98×10^{-5}	3.82×10^{-6}
7	2.36×10^{-5}	3.82×10^{-6}
8	2.74×10^{-5}	3.83×10^{-6}
9	3.13×10^{-5}	3.84×10^{-6}
10	3.51×10^{-5}	3.84×10^{-6}
11	3.90×10^{-5}	3.85×10^{-6}
12	4.28×10^{-5}	3.86×10^{-6}
13	4.67×10^{-5}	3.87×10^{-6}
14	5.06×10^{-5}	3.90×10^{-6}
15	5.45×10^{-5}	3.89×10^{-6}
16	5.88×10^{-5}	4.34×10^{-6}
17	6.32×10^{-5}	4.41×10^{-6}
18	6.74×10^{-5}	4.42×10^{-6}

2. 剪力墙的附加剪力

对 ANSYS 有限元模型施加工况二的不均匀沉降后，剪力墙产生了显著的附加剪力。表 8-7 仅列出附加剪力最大的剪力墙在不同高度处的附加剪力值(假设剪力墙两端节点分别是 I、J)。

表 8-7　剪力墙的附加剪力值

层数	节点 I 剪力(kN)	节点 J 剪力(kN)	附加剪力值(kN)
1	5.95	5.95	11.90
2	5.95	5.95	11.90
3	5.95	5.95	11.90
4	5.94	5.94	11.88
5	5.93	5.93	11.86
6	5.92	5.92	11.84
7	5.89	5.89	11.78
8	5.88	5.88	11.76

续表

层数	节点 I 剪力(kN)	节点 J 剪力(kN)	附加剪力值(kN)
9	5.85	5.85	11.70
10	5.78	5.78	11.56
11	5.76	5.76	11.52
12	5.64	5.64	11.28
13	5.50	5.50	11.00
14	5.37	5.37	10.74
15	4.96	4.96	9.92
16	4.60	4.60	9.20
17	3.88	3.88	7.76
18	3.67	3.67	7.34

从表8-7的数据可以看出,施加工况二的不均匀沉降后,剪力墙产生的附加剪力随着层高数的增加同样呈现出逐渐减小的趋势。剪力墙的最大附加剪力值是11.90 kN。因此以下得出结论:本工程在基础不均匀沉降值增大的情况下,建筑物附加剪力的变化规律相同。与工况一产生的附加剪力相比,工况二附加剪力最大处的剪力墙的附加剪力值按每层1.27倍的比例增长,增幅均匀,上部结构危险部位相同。

3. 剪力墙的附加弯矩

与工况一产生的附加弯矩值相比,工况二剪力墙的附加弯矩值明显增加。比较同一层剪力墙的附加弯矩值,沿结构外沿布置的剪力墙产生的附加弯矩值明显大于结构内部布置的剪力墙产生的附加弯矩值,这是由于结构外沿布置的剪力墙构件多于结构内部布置的剪力墙构件,导致结构外沿刚度偏大。从整体结构来看,由工况二的不均匀沉降引起的剪力墙附加弯矩最大值仍发生在建筑物底层。因此表8-8仅列出附加弯矩值最大剪力墙在不同高度处的附加弯矩值(假设剪力墙两端节点分别是 I、J)。

表8-8　剪力墙的附加弯矩值

层数	节点 I 弯矩(kN·m)	节点 J 弯矩(kN·m)	附加弯矩值(kN·m)
1	189.29	189.29	378.58
2	162.40	162.40	324.80
3	140.04	140.04	280.08
4	120.83	120.83	241.66
5	104.14	104.14	208.28

续表

层数	节点 I 弯矩(kN·m)	节点 J 弯矩(kN·m)	附加弯矩值(kN·m)
6	89.65	89.65	179.30
7	77.04	77.04	154.08
8	66.07	66.07	132.14
9	56.49	56.49	112.98
10	48.11	48.11	96.22
11	40.75	40.75	81.50
12	34.26	34.26	68.52
13	28.50	28.50	57.00
14	23.34	23.34	46.68
15	18.68	18.68	37.36
16	14.42	14.42	28.84
17	10.40	10.40	20.80
18	7.17	7.17	14.34

从表 8-8 的数据可以看出，施加工况二的不均匀沉降后，剪力墙的附加弯值矩随着层高数的增加呈逐渐减小的趋势。剪力墙的最大附加弯矩值是 378.58 kN·m，此墙位于结构底层。可以看出，本工程在基础不均匀沉降值增大的情况下，建筑物周边剪力墙所受的附加弯矩值仍大于建筑物内部剪力墙所承受的附加弯矩值。与工况一产生的附加弯矩相比，当建筑物发生工况二的不均匀沉降后，底层最大附加弯矩值增大 1.88 倍，顶层最小附加弯矩值增大 1.37 倍，附加弯矩的增幅没有附加剪力的增幅均匀。

8.3　工况三——建筑物在风荷载作用下的内力和变形

为了正确评估不均匀沉降对建筑物上部结构的影响，本节计算鸿正二期 19 号楼在风荷载作用下产生的内力和变形，以作为附加内力和附加变形的参照对比数据。剪力墙是主要承受竖向荷载和抵抗水平荷载的构件，而风荷载是高层剪力墙结构主要的侧向荷载之一。在正常使用及风荷载作用下，剪力墙应当处于弹性工作阶段，不出现裂纹或仅有微小裂缝，因此本节采用弹性方法来分析风荷载对剪力墙结构的影响。

在风荷载的计算中，风压是随着高度和建筑物的外形而变化的，一般取基本风压 w_0 作为标准，乘以相应的高度变化系数 μ_z、高度 z 处的风振系数 β_z 和体形系数 μ_s，得出实际风压为

$$w_k = \beta_z \mu_s \mu_z w_0 \tag{8-3}$$

根据《建筑结构荷载规范》附录 D.4 中附表 D.4，天津市滨海新区的基本风压 $w_0 = 0.55\ \mathrm{kN/m^2}$，正多边形及截面三角形平面体形系数 μ_s 由下式计算：

$$\mu_s = 0.8 + 1.2/\sqrt{n} \tag{8-4}$$

式中：n 为建筑物层数。

本建筑物截面为四边形，所以体形系数 μ_s 取 1.4，高度变化系数 μ_z 和高度 z 处的风振系数 β_z 计算值见表 8-9。

表 8-9　风压高度变化系数 μ_z、振型系数 φ_z 和风振系数 β_z

高度(m)	风压高度变化系数 μ_z(C 类)	振型系数 φ_z	风振系数 β_z
3.44	0.74	0.02	1.02
6.94	0.74	0.04	1.03
9.84	0.74	0.07	1.06
12.74	0.74	0.11	1.09
15.64	0.75	0.17	1.14
18.54	0.81	0.22	1.17
21.44	1.02	0.27	1.17
24.34	0.91	0.33	1.23
27.24	0.96	0.38	1.25
30.14	1.01	0.43	1.27
33.04	1.04	0.49	1.30
35.94	1.08	0.6	1.35
38.84	1.11	0.69	1.39
41.74	1.15	0.73	1.40
44.64	1.20	0.79	1.41
47.54	1.22	0.86	1.44
50.44	1.25	0.93	1.47
53.34	1.28	1.00	1.49

风荷载具有方向性，参考本建筑物的结构平面，y 方向（横向）风荷载大，且结构横向刚度和纵向刚度相差不大，故 y 方向是风荷载的主控方向。本节将建筑物的长边作为迎风面，仅在结构的 y 方向施加风荷载。风荷载属于面荷载，为简化计算，在

用 ANSYS 建立有限元模型时,将风荷载等效地施加在结构外表面建有弹簧单元的节点处,该剪力墙结构的等效风荷载见表 8-10。

表 8-10　等效风荷载

高度(m)	等效风荷载(kN)			
	轴线①、㉓	轴线③、⑫	轴线⑥、⑩、⑭、㉑	轴线⑱
3.44	12.81	25.60	27.76	29.89
6.94	11.58	17.84	19.33	20.81
9.84	11.87	18.28	19.80	21.33
12.74	12.25	18.87	20.44	22.01
15.64	12.97	19.98	21.65	23.31
18.54	14.36	22.11	23.96	25.80
21.44	18.02	27.74	30.06	32.37
24.34	16.92	26.06	28.23	30.40
27.24	18.16	27.96	30.29	32.62
30.14	19.39	29.86	32.35	34.84
33.04	20.42	31.44	34.06	36.68
35.94	22.07	33.99	36.82	39.65
38.84	23.38	36.01	39.01	42.01
41.74	24.37	37.53	40.66	43.79
44.64	25.70	39.58	42.88	46.17
47.54	26.67	41.07	44.49	47.92
50.44	27.79	42.80	46.37	49.93
53.34	28.91	44.53	48.24	51.95

为了与不均匀沉降引起上部结构的反分析结果做对比,在本节的正分析中也分别从结构最大侧向位移、剪力墙所受剪力和剪力墙所受弯矩三个方面分析。

1. 结构的最大侧向位移、层间位移

本建筑物在风荷载和结构自重作用下,结构沿 y 向的最大水平位移和层间位移如表 8-11 所示。ANSYS 计算结果显示,建筑物的最大水平位移为 4.35×10^{-5} m,发生在顶层的③-Ⓐ处。

表 8-11　楼层最大水平位移与最大层间位移

层数	最大水平位移(m)	最大层间位移(m)
1	4.31×10^{-6}	—
2	8.11×10^{-6}	3.80×10^{-5}
3	1.17×10^{-5}	3.60×10^{-5}
4	1.52×10^{-5}	3.45×10^{-5}
5	1.85×10^{-5}	3.32×10^{-5}
6	2.17×10^{-5}	3.21×10^{-5}
7	2.48×10^{-5}	3.08×10^{-5}
8	2.76×10^{-5}	2.80×10^{-5}
9	3.02×10^{-5}	2.64×10^{-5}
10	3.27×10^{-5}	2.45×10^{-5}
11	3.49×10^{-5}	2.25×10^{-5}
12	3.70×10^{-5}	2.04×10^{-5}
13	3.87×10^{-5}	1.79×10^{-5}
14	4.03×10^{-5}	1.53×10^{-5}
15	4.15×10^{-5}	1.26×10^{-5}
16	4.25×10^{-5}	9.75×10^{-6}
17	4.32×10^{-5}	6.79×10^{-6}
18	4.35×10^{-5}	3.59×10^{-6}

2. 剪力墙所受剪力

本建筑物在风荷载的作用下，图 8-3 中圈出的剪力墙⑫-Ⓑ-Ⓒ所受剪力最大。剪力墙所受剪力随着楼层高度的增加呈现出递减的趋势，⑫-Ⓑ-Ⓒ剪力墙在不同楼层高度处计算出的剪力值如表 8-12 所示。轴线⑫处的剪力墙墙肢宽度大，墙体的抗剪刚度大，结构最危险部位在结构底层。

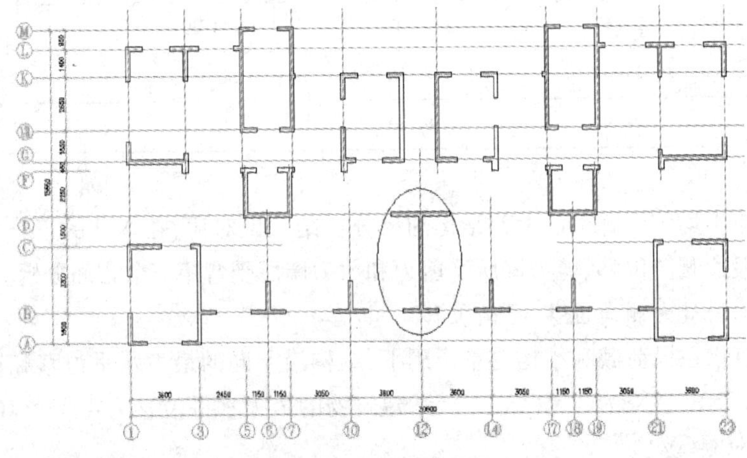

图 8-3　剪力墙布置图

表 8-12　剪力墙所受剪力

层数	节点 *I* 剪力(kN)	节点 *J* 剪力(kN)	剪力值(kN)
1	64.47	64.47	128.94
2	59.64	59.64	119.28
3	56.94	56.94	113.88
4	54.68	54.68	109.36
5	52.59	52.59	105.18
6	50.52	50.52	101.04
7	48.19	48.19	96.38
8	44.52	44.52	89.04
9	41.70	41.70	83.40
10	38.60	38.60	77.20
11	35.23	35.23	70.46
12	31.75	31.75	63.50
13	27.86	27.86	55.72
14	23.72	23.72	47.44
15	19.49	19.49	38.98
16	14.96	14.96	29.92
17	10.29	10.29	20.58
18	5.33	5.33	10.66

3. 剪力墙所受弯矩

对模型强制沉降后，上部结构的剪力墙产生了明显的附加弯矩(表 8-13)。比较同一层剪力墙的附加弯矩，沿结构外沿布置的剪力墙产生的弯矩值明显大于结构内部布置的剪力墙产生的弯矩值。由不均匀沉降引起的剪力墙附加弯矩的最大值仍然发生在建筑物底层的剪力墙Ⓒ-㉑-㉓处。

表 8-13　剪力墙所受弯矩

层数	节点 *I* 弯矩(kN·m)	节点 *J* 弯矩(kN·m)	弯矩值(kN·m)
1	542.05	542.05	1 084.10
2	529.31	529.31	1 058.62
3	481.27	481.27	962.54
4	456.93	456.93	913.86
5	419.55	419.55	839.10

续表

层数	节点 I 弯矩(kN·m)	节点 J 弯矩(kN·m)	弯矩值(kN·m)
6	388.16	388.16	776.32
7	358.95	358.95	717.90
8	323.08	323.08	646.16
9	298.41	298.41	596.82
10	264.34	264.34	528.68
11	238.28	238.28	476.56
12	202.40	202.40	404.80
13	178.48	178.48	356.96
14	145.66	145.66	291.32
15	118.94	118.94	237.88
16	89.24	89.24	178.48
17	59.55	59.55	119.10
18	29.92	29.92	59.84

从表 8-13 的数据可以看出,剪力墙的附加弯矩值随层数的增加而递减,而整个结构最薄弱的地方在Ⓒ轴,尤其是剪力墙Ⓒ-㉑-㉓所受附加弯矩最大。

8.4　工况一、工况二、工况三的计算结果对比

1. 对比结构的最大侧向位移

在工况一、工况二、工况三的情况下,结构的侧移包络图如图 8-4 所示。可以看出,随着沉降值的增大,上部结构的侧移曲线整体上移但曲线形状相同,说明上部结构每层最大侧移值的增幅沿层高分布比较均匀,每层的附加侧移值的增量基本相同,大约增为 1.27 倍。在建筑物的最大沉降值增加 13.4%、最大沉降差增加 4.2% 的情况下,结构的顶层最大侧移增加了 26.7%。工况一的顶层最大侧移占工况三(风荷载作用)的顶层最大侧移的 12.2%,工况二的顶层最大侧移占工况三(风荷载作用)的顶层最大侧移的 15.5%。

2. 对比剪力墙产生的剪力

在工况一、工况二、工况三的情况下,结构的剪力包络图如图 8-5 所示。可以看出,在建筑物不均匀沉降值增加的情况下,上部结构产生的附加剪力值变化趋势相同,剪力包络图中上部结构的附加剪力值曲线整体上移但曲线形状相同,说明附加剪力的增幅沿层高分布比较均匀,上部结构每层剪力墙的附加剪力值增量基本相同,大约增为 1.27 倍。在建筑物的最大沉降值增加 13.4%、最大沉降差增大 4.2% 的情况

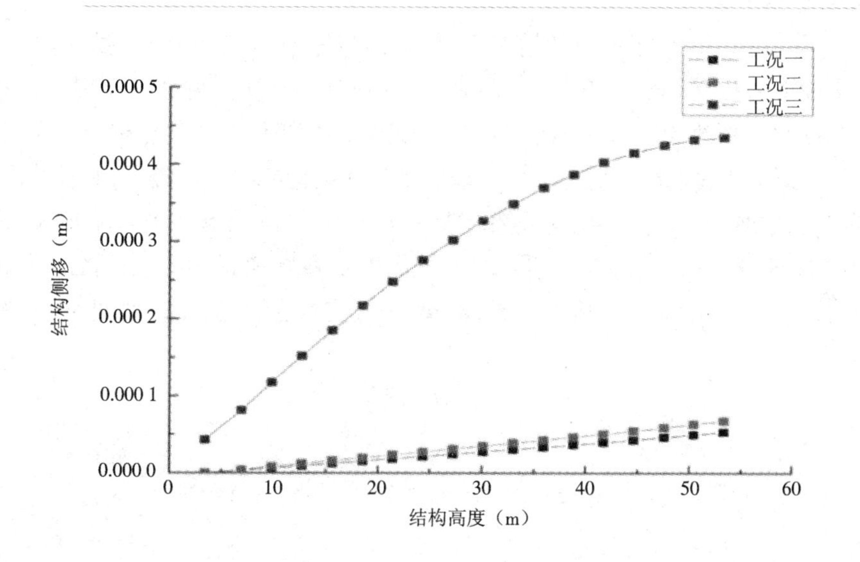

图 8-4　工况一、工况二、工况三的结构侧移包络图

下，上部结构的最大附加剪力值增大 26.9%。在三种情况下，剪力墙产生的附加剪力都是在结构底层数值最大，而且数值沿建筑物高度的增加呈现出递减的趋势。本建筑物在风荷载的作用下，上部结构产生的最大剪力值为 128.94 kN，工况一的最大附加剪力值占工况三产生的剪力值的 7.2%，工况二的最大附加剪力值占工况三产生的剪力值的 9.2%。

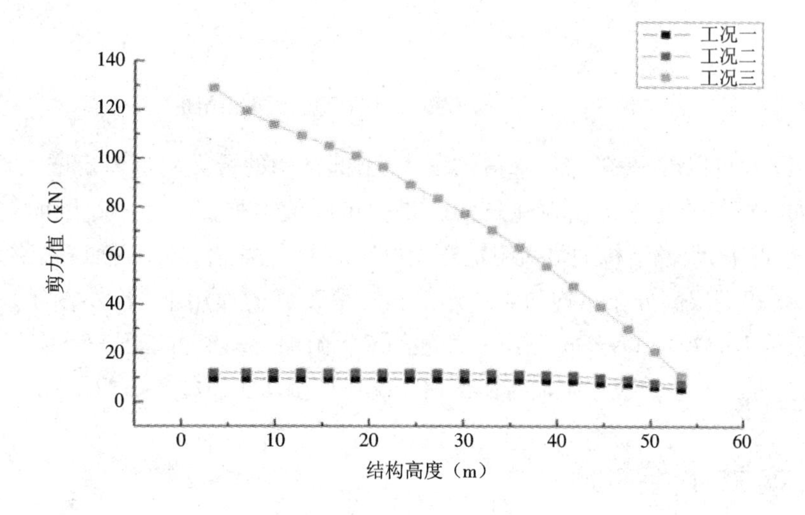

图 8-5　工况一、工况二、工况三的剪力包络图

3. 对比剪力墙产生的弯矩

在工况一、工况二、工况三的情况下,结构的弯矩包络图如图 8-6 所示。可以看出,本建筑物在发生工况一、工况二的不均匀沉降时以及在风荷载的作用下,上部结构剪力墙产生的附加弯矩值和风荷载作用下产生的弯矩值变化趋势相同。在三种情况下,上部结构剪力墙产生剪力的变化趋势都是在结构底层数值最大,而且数值沿建筑物高度的增加而呈现出递减的趋势。在工况一下,沉降引起的剪力墙最大附加弯矩值为 131. 34 kN · m,结构底层Ⓒ-㉑-㉓处的附加弯矩值最大。在工况二下,沉降引起的剪力墙最大附加弯矩值为 378. 58 kN · m,结构底层的Ⓒ-㉑-㉓处的附加弯矩值最大。

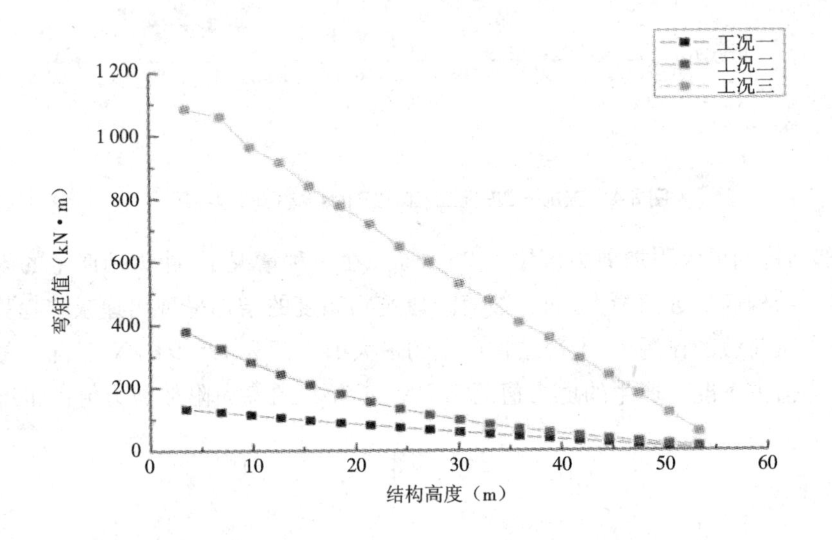

图 8-6　工况一、工况二、工况三的弯矩包络图

从图 8-6 可以看出,随着沉降值的增大,上部结构的最大附加弯矩增大显著,但最小附加弯矩值变化不大。在建筑物的最大沉降值增加 13. 4% 、最大沉降差增加 4. 2% 的情况下,上部结构的最大附加弯矩值增加了 1. 88 倍,最小附加弯矩值增加了 1. 37 倍,增幅沿层高分布不均匀。本建筑物在风荷载的作用下,上部结构产生的剪力最大值为 1 084. 10 kN · m,工况一产生的最大附加弯矩值占工况三产生弯矩值的 12. 1% ,工况二产生的最大附加弯矩值占工况三产生弯矩值的 34. 9% 。

8. 5　本章小结

本章主要分为两个部分:反分析和在风荷载作用下的结构正分析。反分析是根据天津市滨海新区鸿正二期 19 号楼两次的实际量测位移资料，基于 ANSYS 有限元分析软件，通过对建筑物底部分别强制施加两种工况的不均匀沉降曲面，反分析计算获得不均匀沉降对上部结构产生的附加层间位移、附加剪力和附加弯矩值。在风荷载作用下的结构正分析是根据天津市滨海新区的实际情况计算出的风荷载值，基于 ANSYS 有限元分析软件，通过对建筑物的有限元模型施加风荷载计算出上部结构的侧向位移、剪力和弯矩值，以此来作为反分析的比较参考数据。比较三种工况的计算结果，得到以下结论。

（1）当建筑物的地基发生不均匀沉降时，上部剪力墙结构会产生较大的附加剪力和附加弯矩，且沿建筑物外沿分布的剪力墙的附加剪力值、附加弯矩值要大于建筑物内部剪力墙的附加剪力值、附加弯矩值。

（2）当建筑物发生不均匀沉降时，上部剪力墙结构产生的附加剪力、附加弯矩随层数的增加呈现出递减的趋势，附加剪力、附加弯矩的最大值发生在结构的底层。

（3）当建筑物的沉降值增大，沉降差也增大的情况下，上部剪力墙结构的附加剪力、附加弯矩有明显的增长，相比之下，附加剪力的增幅比较平均，附加弯矩的增幅更加明显。

（4）在建筑物沉降值增加的情况下，附加层间位移与附加剪力的增幅沿层高分布均匀，附加弯矩的增幅沿层高分布不均，且结构底层的最大附加弯矩值增加幅度最大。

第9章　天津滨海软土地区桩基实例分析

依据天津滨海软土地区建筑物沉降性状与控制方法研究，可知天津滨海新区桩基沉降计算值远大于实际沉降值，由《建筑桩基技术规范》可知，体形简单的剪力墙结构、高层建筑桩基的最大沉降允许值为200 mm，而已积累的各个工程沉降实测值和沉降计算值都远小于规范规定的沉降允许值，从沉降的角度可以看出，天津滨海新区的桩基设计还有潜力可挖。因此，可以尝试在满足桩基优化设计原则的基础上，依据沉降计算公式及工程实例，浅析桩长、桩径的改变对沉降理论计算值的影响大小，为天津滨海新区的桩基的优化设计提供参考。

对于满堂桩筏基础，当只考虑桩的承载作用时，不考虑承台底地基土承担荷载时，可以采用《建筑桩基技术规范》中考虑桩径影响的以明德林应力解为基础的弹性理论方法计算沉降，并计入桩身压缩部分。

本书编程时沉降计算点取底层墙、柱中心点，应力计算点取与沉降计算点最近的桩的中心点。其沉降计算公式如下：

$$s=\psi\sum_{i=1}^{n}\frac{\sigma_{zi}}{E_{si}}\Delta z_i+s_e=\psi\sum_{i=1}^{n}\frac{\sigma_{zi}}{E_{si}}\Delta z_i+\xi_e\frac{Q_j l_j}{E_c A_{ps}} \tag{9-1}$$

$$\sigma_{zi}=\sum_{j=1}^{m}\frac{Q_j}{l_j^2}\left[\alpha_j I_{p,ij}+(1-\alpha_j)I_{s,ij}\right] \tag{9-2}$$

式中：s 为桩基最终沉降计算量；m 为以沉降计算点为圆心，3/5 桩长为半径的水平面影响范围内的基桩数；n 为沉降计算深度范围内土层的计算分层数；σ_{zi} 为水平面影响范围内各基桩对应力计算点桩端平面以下第 i 层土 1/2 厚度处产生的附加竖向应力之和，应力计算点应取与沉降计算点最近的桩的中心点；Δz_i 为第 i 计算土层厚度；E_{si} 为第 i 计算土层的压缩模量；Q_j 为第 j 桩在荷载效应准永久组合作用下桩顶的附加荷载；l_j 为第 j 桩桩长；A_{ps} 为桩身截面面积；α_j 为第 j 桩总桩端阻力与桩顶荷载之比；$I_{p,ij}$、$I_{s,ij}$ 分别为第 j 桩的桩端阻力和桩侧阻力对计算轴线第 i 计算土层 1/2 厚度处的应力影响系数；E_c 为桩身混凝土的弹性模量；s_e 为计算的桩身压缩；ξ_e 为桩身压缩系数；ψ 为沉降计算经验系数，无当地经验时可取 1.0。

下面结合上述沉降计算公式及数个工程实例，浅析桩长、桩径的改变对沉降理论计算值的影响大小。

9.1　工程实例计算分析

9.1.1　减小桩长

由式(9-1)和式(9-2)知，当第 j 根桩在荷载效应准永久组合作用下桩顶的附加荷载 Q_j、第 j 根桩总桩端阻力与桩顶荷载之比 α_j 等均不变时，减小桩长 l_j，则附加应力会变大，相应的理论沉降值就会变大；同时桩长也直接影响到 $I_{p,ij}$、$I_{s,ij}$ 的取值，从而影响理论沉降计算值。

由研究报告可知，大量已实测的工程沉降值远小于沉降计算值，从沉降的角度可以看出，桩基设计还有潜力可挖。下面对几个工程进行分析，以实际沉降值不超过原沉降计算值为原则，改变其桩长进行计算分析。

1. 工程 1——天津滨海新区富贵家园 5 号楼

该工程为地上 25 层、地下 2 层的剪力墙结构，采用桩径 700 mm、桩长 48 m 的泥浆护壁钻孔灌注桩基础，总桩数 86 根，其基础平面布置图和桩位布置图分别如图 9-1 和图 9-2 所示。桩端置于粉砂层上，现将桩长调为 47 m，且桩端仍置于粉砂层上，不考虑其他设计参数的变化。该建筑一测点实际沉降值 s_0 为 26.01 mm，沉降计算值 s_1 为 33.17 mm；桩长变为 47 m 后，计算值 s_2 为 43.49 mm，与 s_1 相比，增加了 10.32 mm，s_2/s_1 为 1.31。由于改变桩长没有实测值，改变桩长后实际沉降值也不可能按原比例增加，但原比例应该不会变化太大，文中暂且仍按原比例推算，实际沉降值 s_{01} 约为 34.10 mm，比 s_0 增加了 8 mm 左右，仍在原沉降计算值范围内。

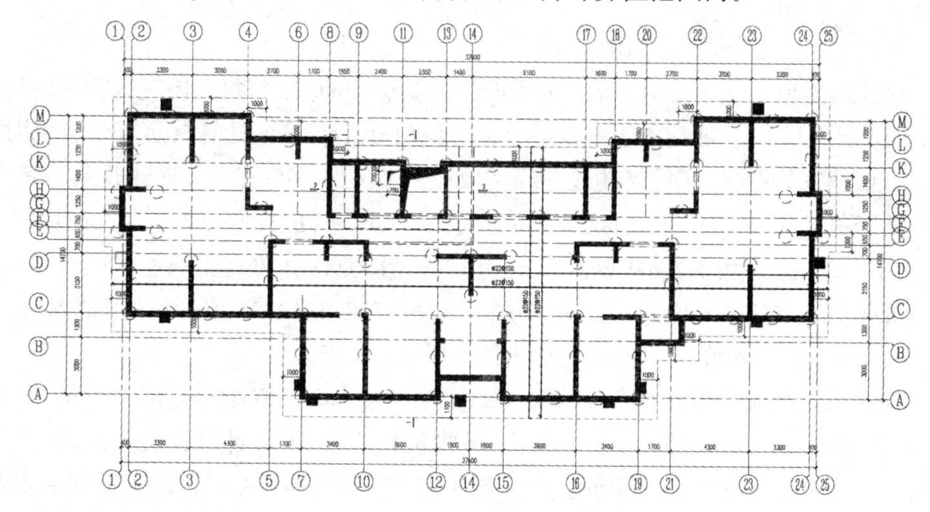

图 9-1　富贵家园 5 号楼基础布置图

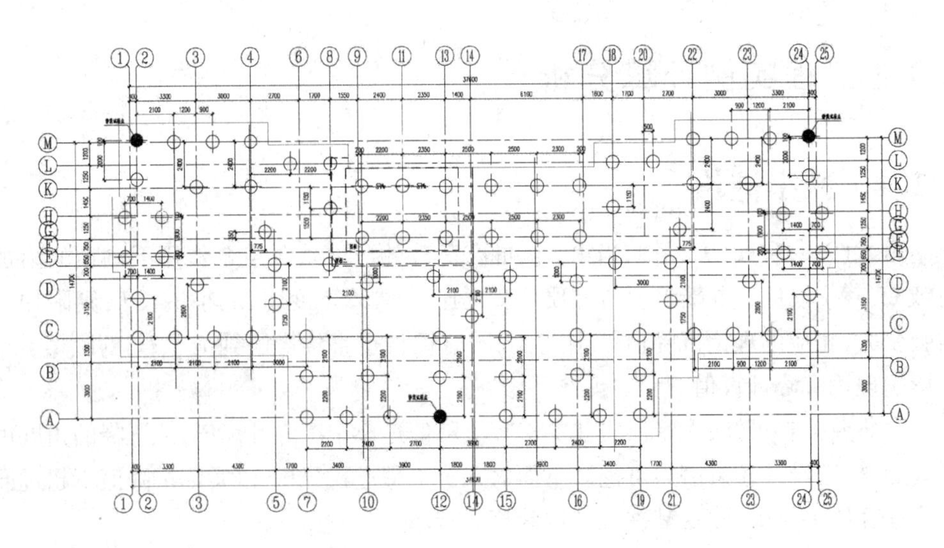

图 9-2 富贵家园 5 号楼桩位布置图

2. 工程 2——天津滨海新区晴景 9 号楼

该建筑为地上 32 层、地下 1 层的剪力墙结构，采用桩径 700 mm、桩长 47 m 的泥浆护壁钻孔灌注桩基础，总布桩 120 根，现将桩长调为 46 m 进行分析，计算其沉降值。该建筑的基础平面图和桩位布置图如图 9-3 和图 9-4 所示。该建筑一测点实际沉降值 s_0 为 27.94 mm，沉降计算值 s_1 为 38.85 mm；桩长改变后，计算值 s_2 为 46.98 mm，和 s_1 相比增加了 8.13 mm，s_2/s_1 为 1.21。文中暂且仍按原计算值与实测值的比例推算，实际沉降值 s_{01} 约为 33.79 mm，比 s_0 增加了 6 mm 左右，仍在原沉降计算值范围内。

3. 工程 3——新塘组团还迁住宅 B 区工程项目 17 号楼

该建筑为地上 8 层的剪力墙结构，采用桩径 400 mm 的混凝土预应力管桩，桩长 23 m，总布桩 129 根，桩端置于粉土层上，现将桩长改为 22 m 计算其沉降值，持力层不变。该建筑的基础平面图和桩位布置图如图 9-5 和图 9-6 所示。该建筑某一测点实际沉降值 s_0 为 14.87 mm，沉降计算值 s_1 为 22.66 mm；桩长变为 22 m 后，计算值 s_2 为 29.10 mm，比 s_1 增加 6.44 mm，s_2/s_1 为 1.28。按原计算值与实测值的比例推算，实际沉降值 s_{01} 约为 19.10 mm，比 s_0 增加了 4 mm 左右，仍在原沉降计算值范围内。

4. 工程 4——新塘组团还迁住宅 B 区工程项目 20 号楼

该建筑为地上 8 层的剪力墙结构，采用桩径 400 mm 的混凝土预应力管桩，桩长 24 m，总布桩 129 根，桩端置于粉土层上，现将桩长改为 23 m 计算其沉降值，持力层不变。该建筑的基础平面图和桩位布置图如图 9-7 和图 9-8 所示。该建筑某一测点实际沉降值 s_0 为 15.17 mm，沉降计算值 s_1 为 21.00 mm；桩长变为 22 m 后，计算值 s_2 为 27.04 mm，比 s_1 增加 6.04 mm，s_2/s_1 为 1.29。按原计算值与实测值的比例推算，

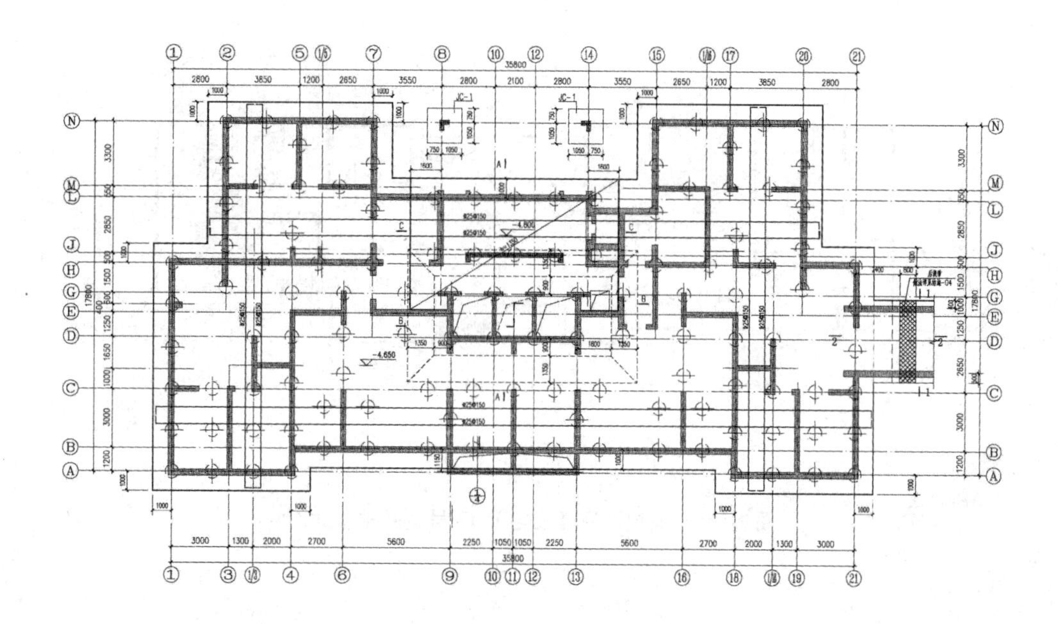

图9-3　晴景9号楼基础平面图

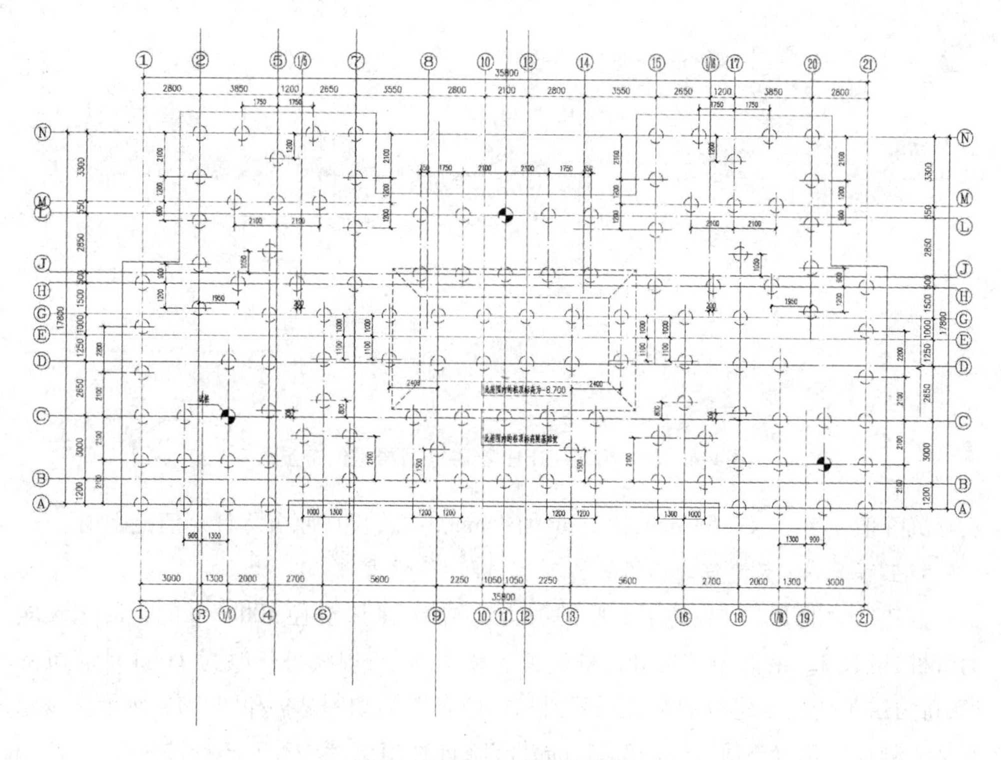

图9-4　晴景9号楼桩位布置图

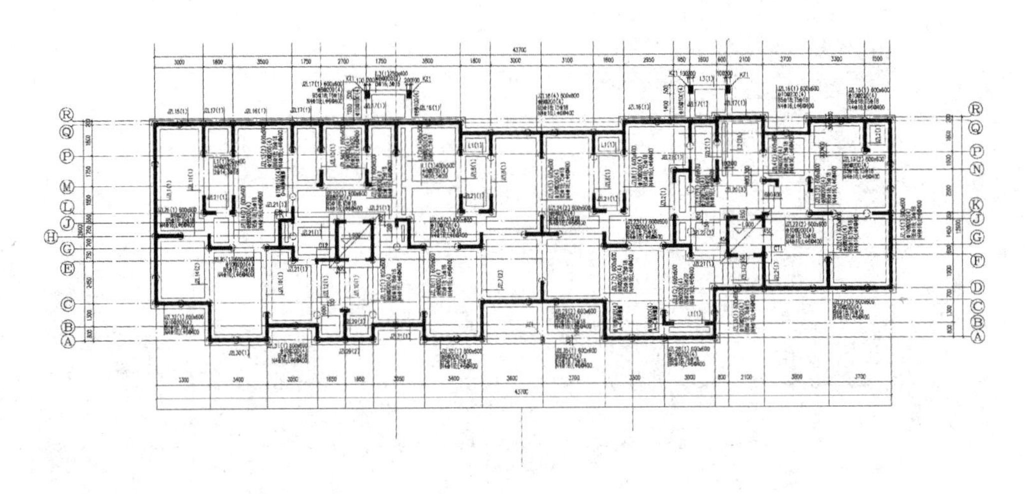

图 9-5　新塘组团还迁住宅 B-17 号楼基础平面图

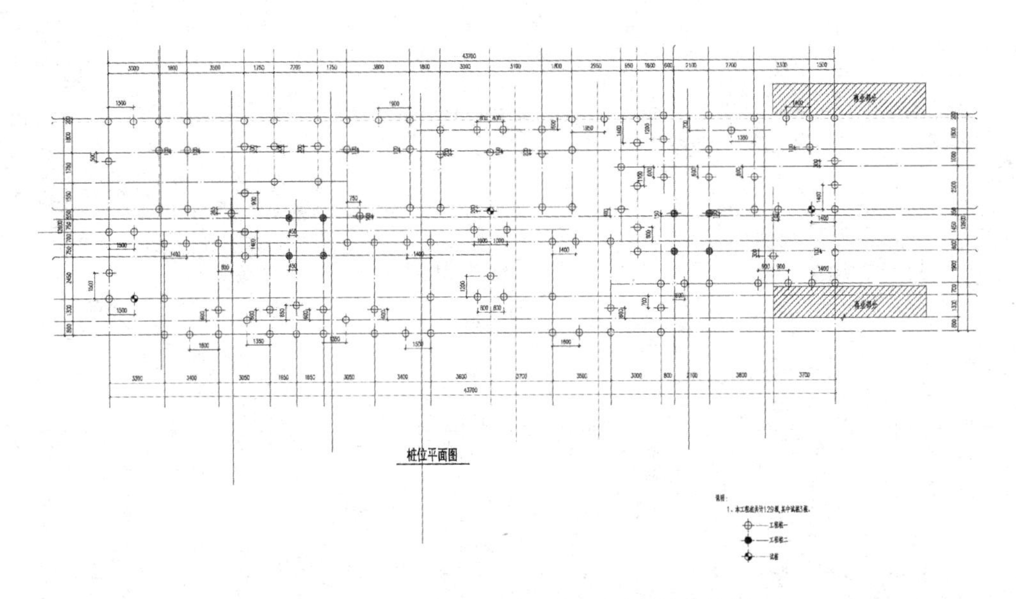

图 9-6　新塘组团还迁住宅 B-17 号楼桩位布置图

实际沉降值 s_{01} 约为 19.53 mm，比 s_0 增加 4 mm 左右，仍在原沉降计算值范围内。

5. 工程 5——天津滨海新区西部新城 A1 区 7 号楼

该建筑为地上 11 层、地下 1 层的剪力墙结构，采用桩径 400 mm 的混凝土预应力管桩，桩长 22 m，总布桩 75 根，桩端置于粉土层上，现将桩长改为 21 m 计算沉降值，持力层不变。该建筑的基础平面图和桩位布置图如图 9-9 和图 9-10 所示。该建筑某一测点实际沉降值 s_0 为 13.52 mm，沉降计算值 s_1 为 22.7 mm；桩长变为 21 m 后，计算值 s_2 为 31.40 mm，比 s_1 增加 8.7 mm，s_2/s_1 为 1.38。按原计算值与实测值的

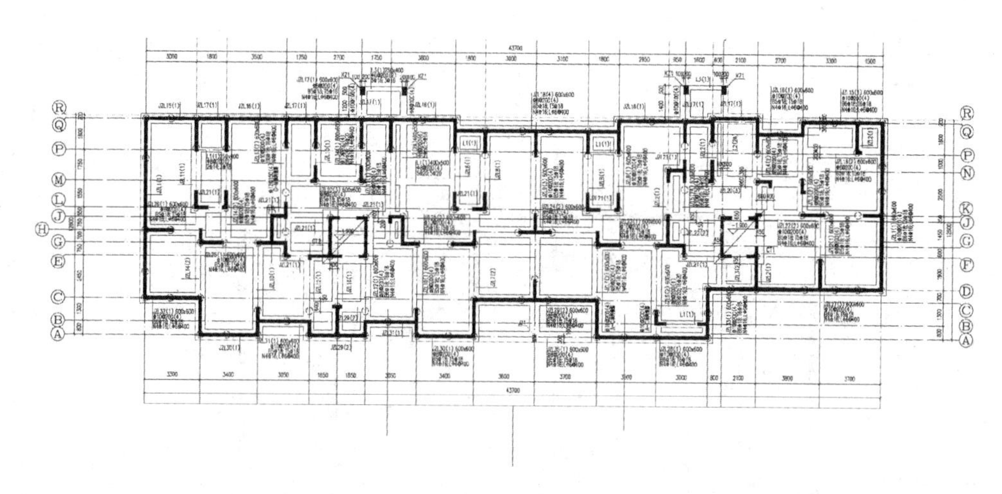

图9-7　新塘组团还迁住宅B-20号楼基础平面图

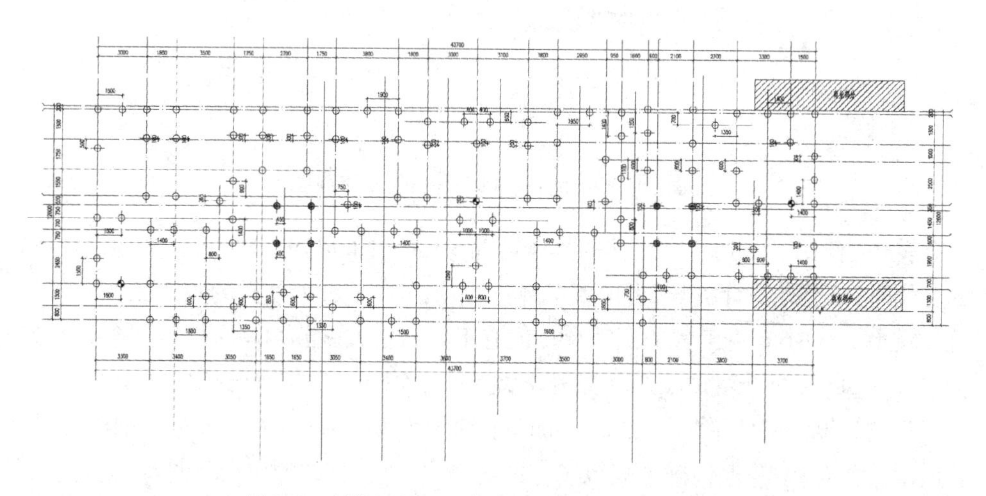

图9-8　新塘组团还迁住宅B-20号楼桩位布置图

比例推算，实际沉降值s_{01}约为18.70 mm，比s_0增加了5 mm左右，仍在原沉降计算值范围内。

6. 工程6——天津滨海新区鸿正五期18号楼

该建筑为地上32层、地下1层的剪力墙结构，采用桩径700 mm、桩长47 m的泥浆护壁钻孔灌注桩基础，总布桩120根，现将桩长调为46 m进行分析，计算其沉降值。该建筑的基础平面图和桩位布置图如图9-11和图9-12所示。该建筑一测点实际沉降值s_0为24.33 mm，沉降计算值s_1为38.90 mm；桩长改变后，计算值s_2为47 mm，和s_1相比增加了8.10 mm，s_2/s_1为1.21。按原沉降计算值与实测值的比例推算，实际沉降值s_{01}约为29.42 mm，比s_0增加了5 mm左右，仍在原沉降计算值范围内。

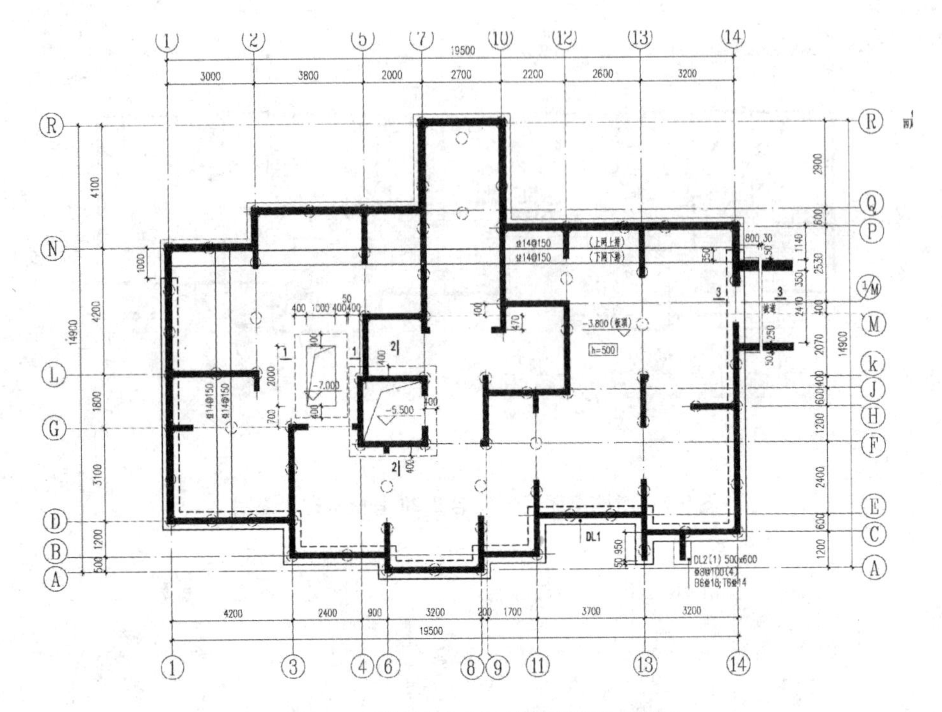

图 9-9 西部新城 A1-7 号楼基础平面图

表 9-1 给出了上述 6 个工程的具体情况。由表 9-1 可知,在不考虑其他设计参数的变化时,减小原设计桩长,可增大沉降计算值。对于本文分析的数个工程,当设计桩长减小 1 m 时,6 个工程的沉降计算值有不同的增大,增大 6 ~ 10 mm,增大百分率为 20% ~38% ,每个建筑减少的混凝土数为 9 ~ 46 m^3 不等。当桩长减少 1 m 时,6 个工程的计算沉降值平均增加 8.0 mm,平均增大率为 27.8% 。虽有个别测点的计算值增大相对较多,但仍满足规范规定的沉降允许值,且按原沉降计算值与实测值的比例推算的实际沉降值仍在原沉降计算值范围内。因此,在设计天津滨海新区的类似工程桩基时,可以考虑减小常规设计的桩长,以减少基础造价。

表 9-1 改变桩长的各个工程的情况

工程名称	工程 1	工程 2	工程 3	工程 4	工程 5	工程 6
总布置桩数	86	120	129	129	75	120
原采用桩长(m)	48	47	23	24	22	47
现改的桩长(m)	47	46	22	23	21	46
原设计桩径(mm)	700	700	400	400	400	700
原桩所用混凝土(m^3)	1 588.64	2 170.53	372.84	389.05	207.35	2 170.53
现桩所用混凝土(m^3)	1 555.54	2 124.34	356.63	372.84	197.92	2 124.34
减少的混凝土(m^3)	33.10	46.19	16.21	16.21	9.43	46.19

续表

工程名称	工程 1	工程 2	工程 3	工程 4	工程 5	工程 6
实测沉降值 s_0(mm)	26.01	27.94	14.87	15.17	13.52	24.33
计算沉降值 s_1(mm)	33.17	38.85	22.66	21.00	22.70	38.90
原计算值与实测值之比 s_1/s_0	1.28	1.39	1.52	1.38	1.68	1.60
现计算沉降值 s_2(mm)	43.49	46.98	29.10	27.04	31.40	47.00
增加的计算沉降值(mm)	10.32	8.13	6.44	6.04	8.70	8.10
推算的实际沉降值 s_{01}(mm)	34.10	33.79	19.10	19.53	18.70	29.42
s_2/s_1	1.31	1.21	1.28	1.29	1.38	1.21

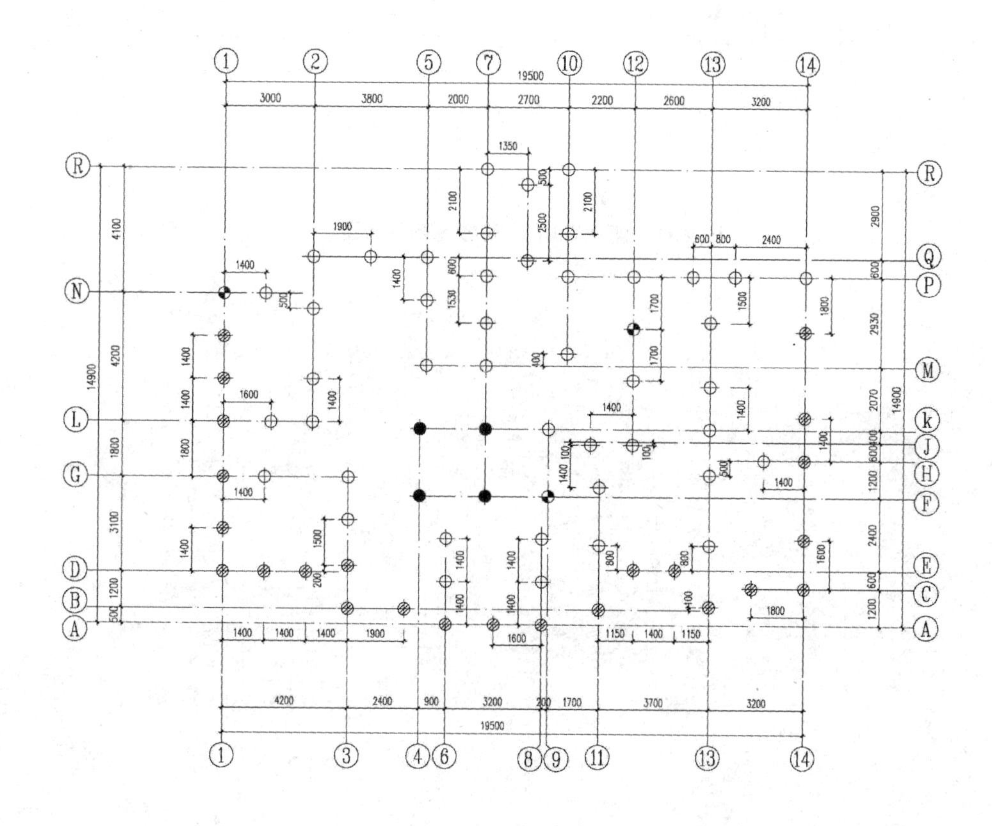

图 9-10　西部新城 A1-7 号楼桩位布置图

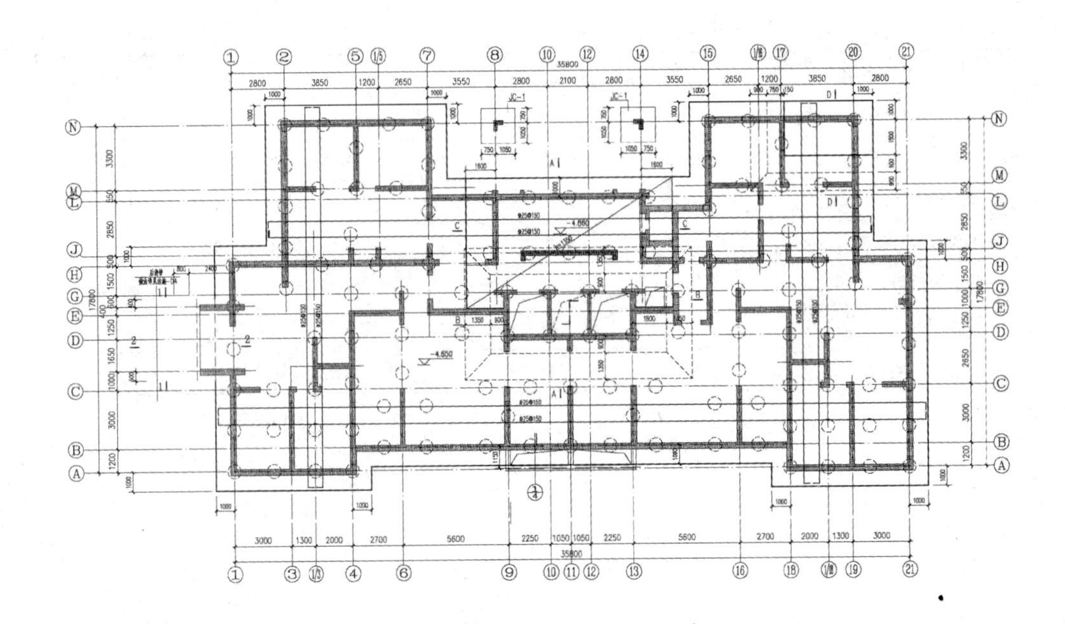

图 9-11　鸿正五期 18 号楼基础平面图

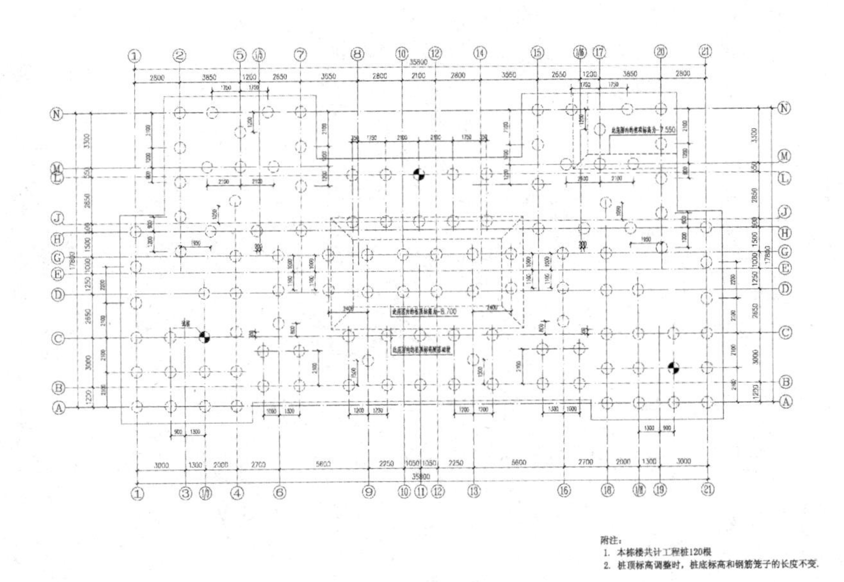

图 9-12　鸿正五期 18 号楼桩位布置图

9.1.2　减小桩径

对于上节分析的满堂桩筏基础，当只考虑桩的承载作用，不考虑承台底地基土承担荷载时，可以采用考虑桩径影响的、以明德林应力解为基础的弹性理论方法计算沉降，由式(9-1)和式(9-2)知，当第j根桩在荷载效应准永久组合作用下桩顶的附加荷载Q_j、当第j根桩的桩长l_j、第j根桩总桩端阻力与桩顶荷载之比α_j等均不变时，增大$I_{p,ij}$、$I_{s,ij}$，则附加应力会变大，相应的理论沉降值就会变大。

在桩长、桩的布置、桩顶承担的荷载等均不变的情况下，桩径直接影响其值的大小，从而影响沉降计算值。下面通过几个实际工程分析桩径的改变对沉降计算值的影响大小。

1. 工程1——天津滨海新区西部新城A1区7号楼

该建筑为地上11层、地下1层的剪力墙结构，采用桩径400 mm的混凝土预应力管桩，桩长22 m，总布桩75根，桩端置于粉土层上，现考虑将半数的桩径调为350 mm。该建筑的基础平面图和桩位布置图如图9-13和图9-14示。该建筑某一测点的实际沉降值s_0为11.12 mm，沉降计算值s_1为22.7 mm；半数桩的桩径改变后，计算值s_2为30.12 mm，比s_1增加7.42 mm，s_2/s_1为1.33。按原沉降计算值与实测值的比例推算，实际沉降值s_{01}约为14.75 mm，比s_0增加了4 mm左右，仍在原沉降计算值范围内。

2. 工程2——天津滨海新区西部新城A1区4号楼

该建筑为地上8层的剪力墙结构，采用桩径400 mm的混凝土预应力管桩，桩长23 m，总布桩139根，桩端置于粉土层上，现考虑将半数的桩径调为350 mm。该建筑的基础平面图和桩位布置图如图9-15和图9-16所示。该建筑某一测点实际沉降值为13.29 mm，沉降计算值s_1为29.12 mm；桩径改变后，计算值s_2为39.20 mm，与s_1相比增加了10.08 mm，s_2/s_1为1.35。按原沉降计算值与实测值的比例推算，实际沉降值s_{01}约为17.89 mm，比s_0增加了5 mm左右，仍在原沉降计算值范围内。

3. 工程3——新塘组团还迁住宅B区工程项目19号楼

该建筑为地上8层的剪力墙结构，采用桩径400 mm的混凝土预应力管桩，桩长24 m，总布桩98根，现将半数的桩径调为350 mm进行分析，计算其沉降值。该建筑的基础平面图和桩位布置图如图9-17和图9-18所示。该建筑某一测点实际沉降值为13.70 mm，沉降计算值s_1为19.47 mm；桩径改变后，计算值s_2为28.44 mm，与s_1相比增加了8.97 mm，s_2/s_1为1.46。按原沉降计算值与实测值的比例推算，实际沉降值s_{01}为20.01 mm，比s_0增加了6 mm左右，仍在原沉降计算值范围内。

4. 工程4——天津滨海新区的晴景9号楼

该建筑为地上32层、地下1层的剪力墙结构，采用桩径700 mm、桩长47 m的泥

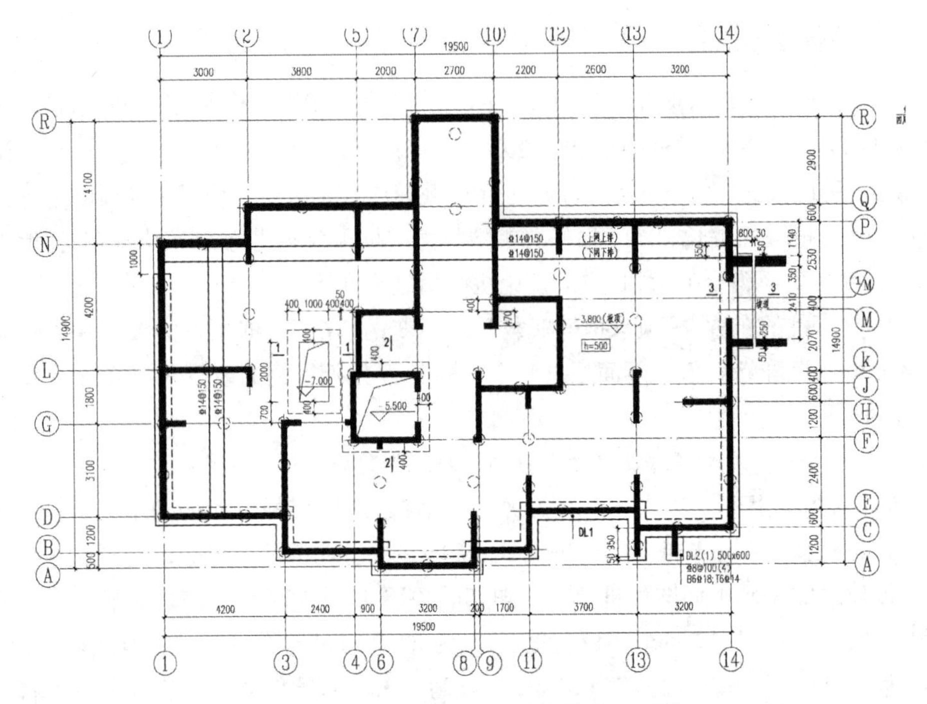

图 9-13　西部新城 A1-7 号楼基础平面图

浆护壁钻孔灌注桩基础，总布桩 120 根，现将半数的桩径调为 650 mm 进行分析，计算其沉降值。该建筑的基础平面图和桩位布置图如图 9-19 和图 9-20 所示。该建筑某一测点实际沉降值 S_0 为 28. 28 mm，沉降计算值 s_1 为 33. 31 mm；桩径改变后，计算值 s_2 为 40. 72 mm，与 s_1 相比增加了 7. 41 mm，s_2/s_1 为 1. 22。按原沉降计算值与实测值的比例推算，实际沉降值 s_{01} 约为 34. 57 mm，比 s_0 增加了 6 mm 左右，仍在原沉降计算值范围内。

5. 工程 5——新塘组团还迁住宅 B 区工程项目 16 号楼

该建筑为地上 8 层的剪力墙结构，采用桩径 400 mm 的混凝土预应力管桩，桩长 23 m，总布桩 98 根，现将半数的桩径调为 350 mm 进行分析，计算其沉降值。该建筑的基础平面图和桩位布置图如图 9-21 和图 9-22 所示。该建筑某一测点实际沉降值 s_0 为 13. 29 mm，沉降计算值 s_1 为 25. 76 mm；桩径改变后，计算值 s_2 为 34. 80 mm，与 s_1 相比增加了 9. 04 mm，s_2/s_1 为 1. 35。按原沉降计算值与实测值的比例推算，实际沉降值 s_{01} 约为 17. 95 mm，比 s_0 增加了 4. 5 mm 左右，仍在原沉降计算值范围内。

表 9-2 给出桩径改变后上述 5 个工程的具体情况。由表 9-2 可知，在不考虑其他设计参数的变化时，减小部分桩的设计桩径，可增大沉降计算值，对于本书分析的数个工程，当部分桩的设计桩径减小 50 mm 时，沉降计算值有不同的增大，增大值为 7 ~ 10 mm，增大百分率为 22% ~ 46%，每个建筑减少的混凝土数为 24. 30 ~ 149. 50 m^3

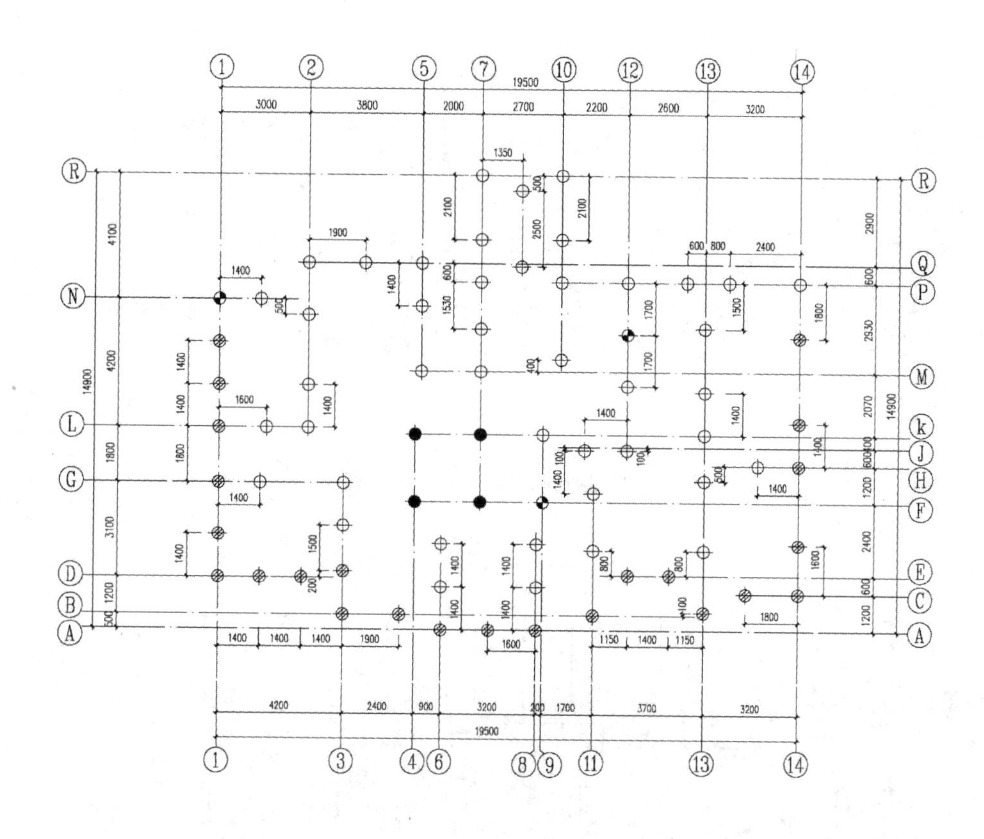

说明：

1本工程桩共计75根、试桩3根。

工程桩 1

工程桩 2

工程桩 3

试桩

图 9-14　西部新城 A1-7 号楼桩位布置图

不等。5个工程的计算沉降值平均减少8.58 mm，平均减少百分比为34.2%。虽有个别测点的计算值增大相对较多，但仍满足规范规定的沉降允许值，且按原沉降计算值与实测值的比例推算的实际沉降值仍在原沉降计算值范围内。因此，在设计天津滨海新区的类似工程桩基时，可以考虑减小常规设计桩的部分桩径，以减少基础造价。

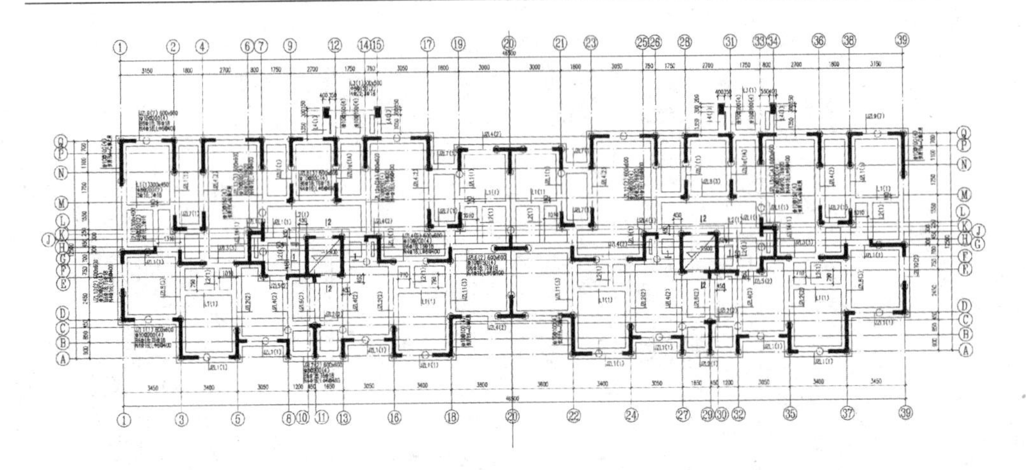

图 9-15　西部新城 A1-4 号楼基础平面图

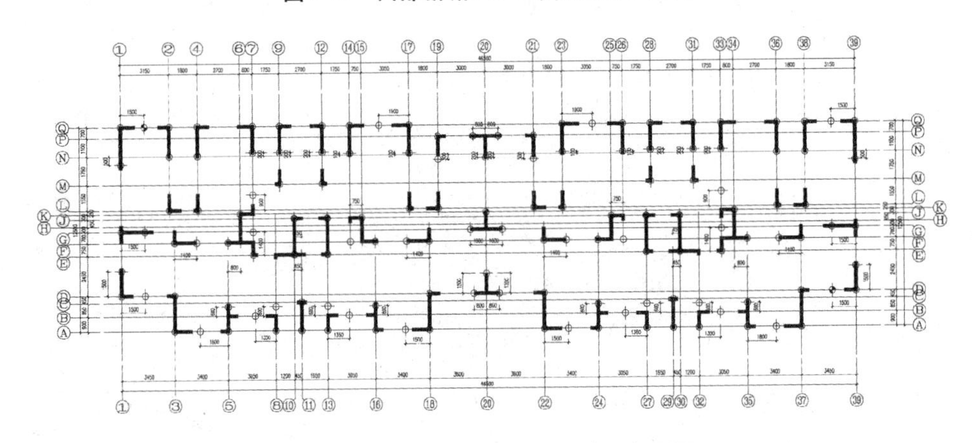

图 9-16　西部新城 A1-4 号楼桩位布置图

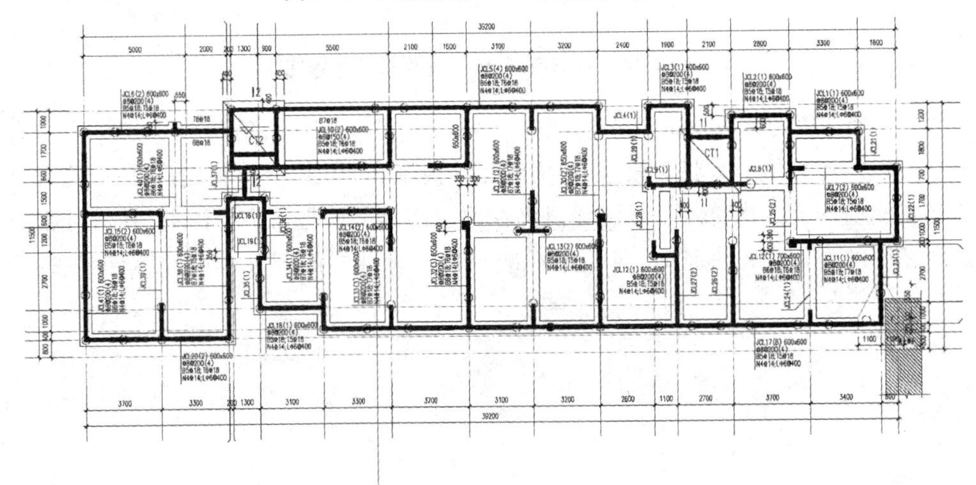

图 9-17　新塘组团还迁住宅 B-19 号楼基础平面图

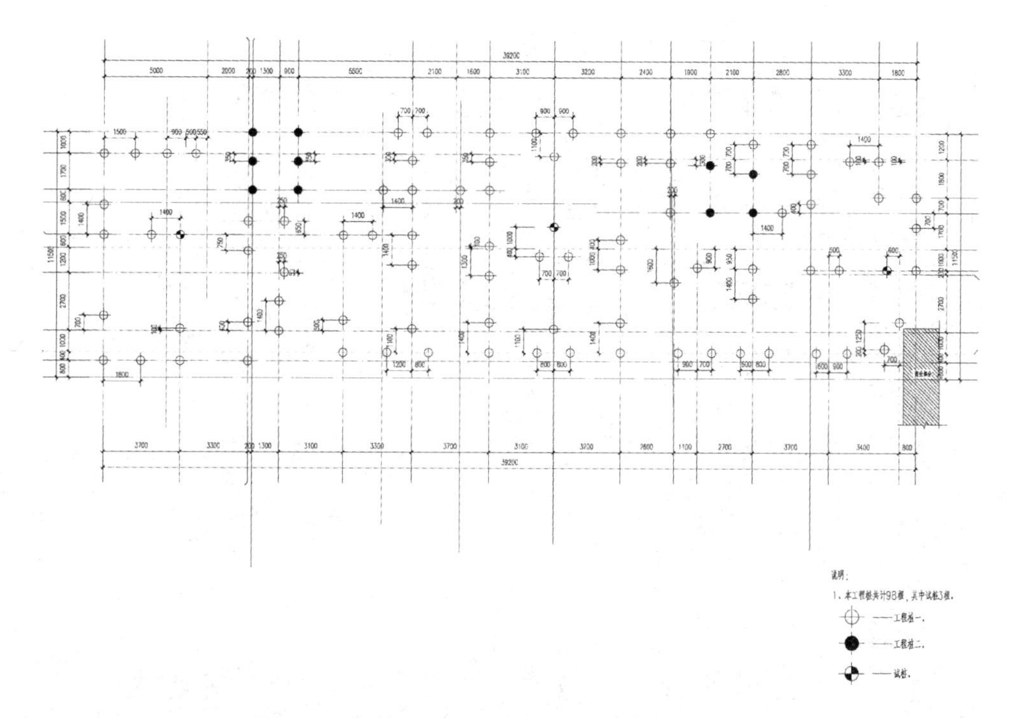

图 9-18　新塘组团还迁住宅 B-19 号楼桩位布置图

表 9-2　桩径改变后各个工程的情况

工程名称	工程 1	工程 2	工程 3	工程 4	工程 5
总布置桩数	75	139	98	120	120
原采用桩长(m)	22	23	24	47	23
原桩径(mm)	400	400	400	700	400
半数桩改后的桩径(mm)	350	350	350	650	350
原桩所用混凝土(m^3)	207.35	401.75	295.56	2 170.53	346.83
现桩所用混凝土(m^3)	183.05	354.67	260.92	2 021.03	306.19
减少的混凝土(m^3)	48.60	94.16	69.27	299	81.29
原实测沉降值 s_0(mm)	11.12	13.29	13.70	28.28	13.29
原计算沉降值 s_1(mm)	22.7	29.12	19.47	33.31	25.76
原计算值与实测值之比 s_1/s_0	2.04	2.19	1.42	1.18	1.94
现计算沉降值 s_2(mm)	30.12	39.20	28.44	40.72	34.80
增加的计算沉降值(mm)	7.42	10.08	8.97	7.41	9.04
推算的实际沉降值 s_{01}(mm)	14.75	17.89	20.01	34.57	17.95
s_2/s_1	1.33	1.35	1.46	1.22	1.35

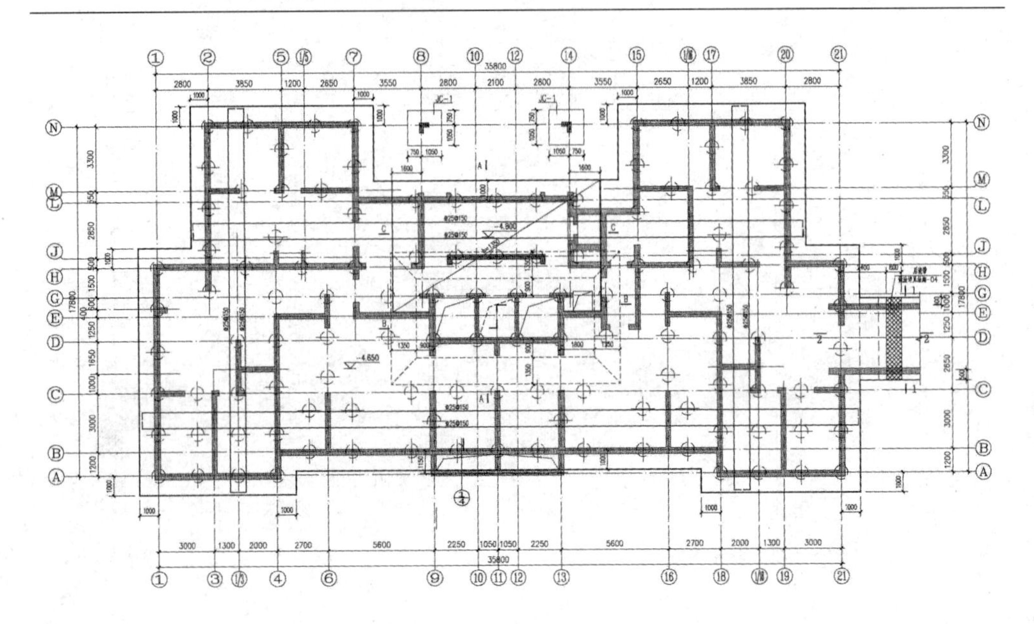

附注：

1. 未注明筏板厚度均为1500mm
2. A-A, B-B, C-C, D-D剖面详见结施-04
3. JC-1基座持力层选用地勘报告的②层粘土层.
   基础施工时应杂填土回填土石屑至基底标高.
   土石屑的干容重不小于19.6KN/M³.

图 9-19 晴景 9 号楼基础平面图

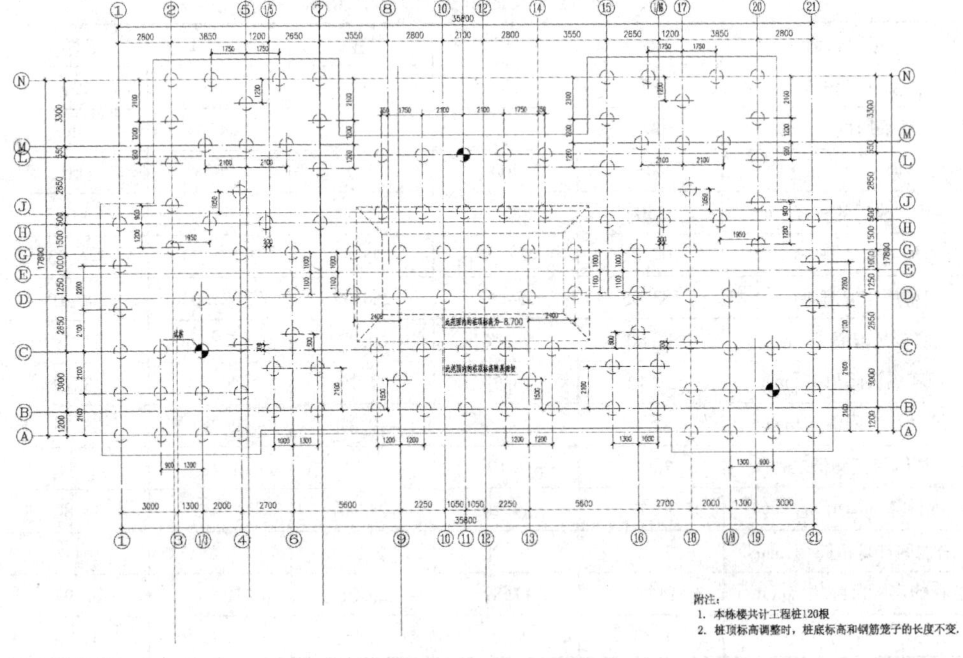

附注：

1. 本栋楼共计工程桩120根
2. 桩顶标高调整时，桩底标高和钢筋笼子的长度不变.

图 9-20 晴景 9 号楼桩位布置图

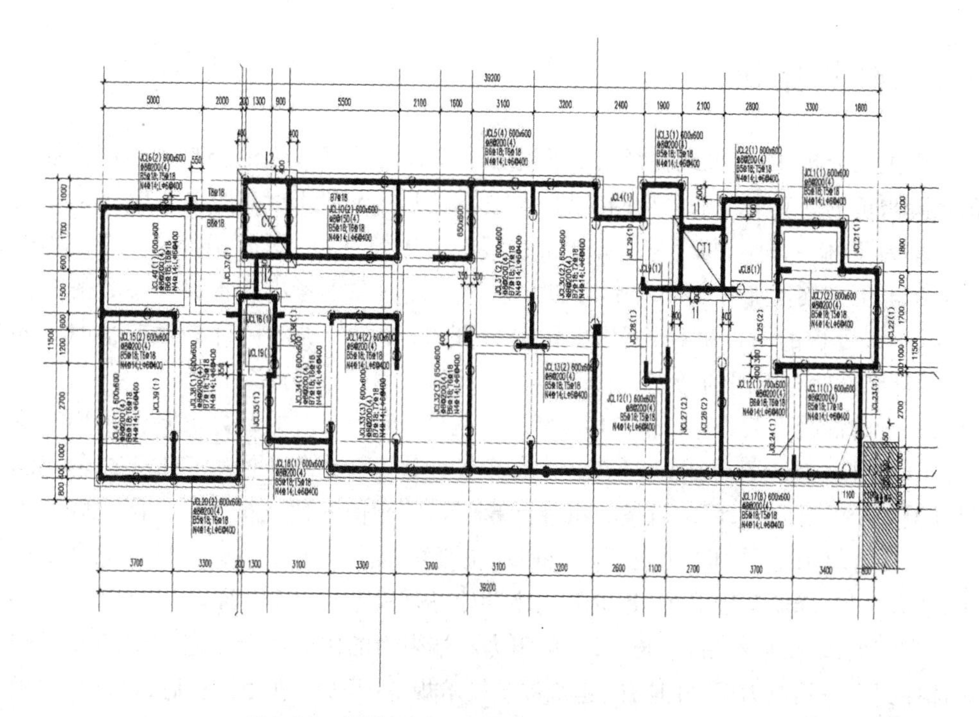

图 9-21　新塘组团还迁住宅 B-16 号楼基础平面图

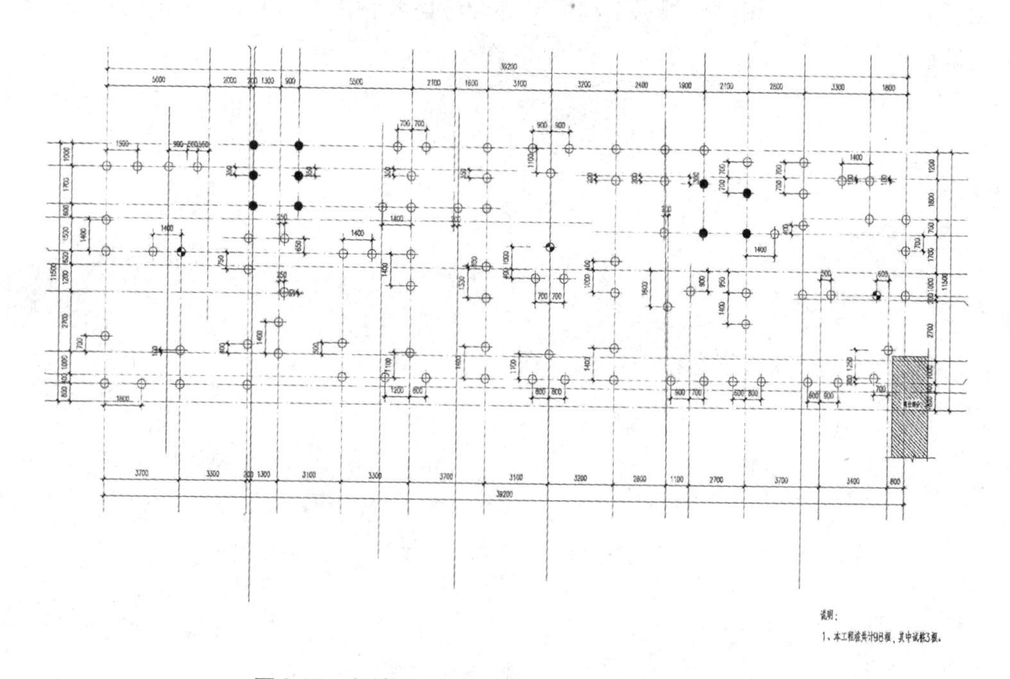

图 9-22　新塘组团还迁住宅 B-16 号楼桩位布置图

9.2　分析结论

由上述分析知，桩长或桩径改变后的各个工程的沉降计算值仍是小于规范规定的沉降限值的。对于本书分析的工程，当桩长减少 1 m 时，增大值为 6 ~ 10 mm，增大百分率为 20% ~38%，每个建筑减少的混凝土为 9.43 ~ 46.19 m^3 不等。6 个工程的计算沉降值平均增加 8.0 mm，平均增大率 27.8%。在不考虑其他设计参数的变化时，减小部分桩的设计桩径，可增大沉降计算值，当部分桩的设计桩径减小 50 mm 时，沉降计算值有不同的增大，增大值为 7 ~ 10 mm，增大百分率为 22% ~46%，每个建筑减少的混凝土数为 24.30 ~ 149.50 m^3 不等。5 个工程的计算沉降值平均减少 8.58 mm，平均减少百分比为 34.2%。虽有个别测点的计算值增大相对较多，但仍满足规范规定的沉降允许值，且按原沉降计算值与实测值的比例推算的实际沉降值仍在原沉降计算值范围内。可见，减少桩长、桩径可以不同程度地减少桩基混凝土用量，节省材料，降低基础造价，是桩基优化设计可以考虑的一个方面。

事实上，缩小桩径后，桩长径比、侧阻力和端阻力的比值也会变化，而改变桩长很难选择到合适的持力层，并且有《建筑桩基技术规范》可知，改变桩长后，单桩竖向极限承载力特征值也会变化等，而本书只是结合理论公式，从桩径、桩长的改变进行较粗略的分析，实际应用时应根据工程情况综合考虑各种因素，以优化桩基设计，减少基础造价。

参考文献

[1] 赵明华，邹丹，邹新军. 群桩沉降计算的荷载传递法[J]. 工程力学，2006，23(7)：119-123.

[2] 张乾青，张忠苗. 群桩沉降简化计算方法[J]. 岩土力学，2012，33(2)：382-388.

[3] 刘金砺，黄强，李华，等. 竖向荷载下群桩变形性状及沉降计算[J]. 岩土工程学报，1995，17(6)：1-13.

[4] LEE C Y. Settlement of pile groups—practical approach[J]. Journal of the Geotechnical Engineering, 1993, 119(9): 1449-1461.

[5] ZHU HONG, CHANG MINGFANG. Load transfer curves along bored piles considering modulus degradation[J]. Journal of Geotechnical and Geoenvironmental Engineering, 2002, 128(9): 764-774.

[6] SHEN W Y, CHOW Y K, YONG K Y. A variational approach for vertical deformation analysis of pile group[J]. International Journal for Numerical and Analytical Methods in Geomechanics, 1997, 21(11): 741-752.

[7] 沈苾文，张英，毛江才，等. 群桩基础沉降计算的近似混合法[J]. 西北农林科技大学学报：自然科学版，2003，31(6)：158-160.

[8] 范锡盛，王跃. 建筑工程事故分析及处理实例应用手册[M]. 北京：中国建筑工业出版社，1994：1-5.

[9] 杨敏，张俊峰. 软土地区桩基础沉降计算实用方法和公式[J]. 建筑结构，1998(7)：43-48.

[10] 白永宏. 考虑上部结构刚度的基础沉降分析[D]. 北京：中国建筑科学研究院，2000.

[11] 吴怀忠，王汝恒，郭文，等. 土与结构相互作用理论[J]. 四川建筑科学研究，2008，34(5)：117-119.

[12] 刘辉. 考虑上下部结构共同作用的筏板基础的有限元分析[D]. 西安：西安理工大学，2007.

[13] 郭继武. 地基基础设计简明手册[M]. 北京：机械工业出版社，2008：288-319.

[14] 陈丽，孙静. 考虑地基、基础联合作用的框架结构有限元分析[J]. 西安建筑科技大学学报：自然科学版，2000，32(3)：291-293.

[15] 刘金砺. 桩基研究与应用若干进展浅析[J]. 施工技术, 2000,29(9):2-4.
[16] POULOS H G, DAVIS E H. Pile foundation analysis and design[M]. New York: John Wiley & Sons Inc., 1980: 250-265.
[17] POOROOSHASB H B, MIURA N, WU WENJING. Settlement of rafts supported by group of floating piles[R]. 佐贺:佐贺大学低平地研究所,1996(5):17-24.
[18] 何思明. 群桩沉降计算的简易理论[J]. 地基处理,2001,12(1):45-51.
[19] 董建国,赵锡宏. 软土地基超长桩箱(筏)基础设计的若干问题[J]. 同济大学学报:自然科学版,1995,25(5):505-511.
[20] HAIN S J, LEE I K. The analysis of flexible raft-pile systems[J]. Geotechnique, 1978, 28(1): 65-83.
[21] 王旭东,宰金珉,梅国雄. 桩筏基础共同作用的子结构分析法[J]. 南京建筑工程学院学报:自然科学版,2002(4):1-6.
[22] 王雷. 岩土工程反分析研究现状[J]. 山西建筑,2005,31(18):109-110.
[23] 杨林德,等. 岩土工程问题的反演理论与工程实践[M]. 北京:科学出版社,1996.
[24] 雷学文,白世伟,孟庆山. 灰色预测在软土地基沉降分析中的应用[J]. 岩土力学,2000,21(2):145-147.
[25] 中华人民共和国住房和城乡建设部. GB 50007—2011 建筑地基基础设计规范[S]. 北京:中国建筑工业出版社, 2012.
[26] 中华人民共和国住房和城乡建设部. JGJ 94—2008 建筑桩基技术规范[S]. 北京: 中国建筑工业出版社, 2008.
[27] 宰金珉,宰金璋. 高层建筑基础分析与设计[M]. 北京:中国建筑工业出版社,1993.
[28] 谢晨智,何世秀. 地基、基础与结构共同作用效应的非线性研究[J]. 中国水运:学术版,2006,6(9):79-81.
[29] 姜晨光,荷勇,任荣,等. 建筑基础沉降与上部结构倾斜的联合监测与分析[J]. 城市勘测,2001(2):36-38.
[30] 马永欣,郑山锁. 结构试验[M]. 北京:科学出版社,2001.
[31] 程效军,顾孝烈. 工程结构物的抛物面方程回归计算[J]. 同济大学学报:自然科学版,2009,37(9):104-110.
[32] 郝文化. ANSYS 土木工程应用实例[M]. 北京:中国水利水电出版社,2005:183-249.
[33] 陈伯望,王海波,沈蒲生. 剪力墙多垂直杆单元模型的改进及应用[J]. 工程力学,2005,22(3):183-189.

[34] 孙景江,江近仁.框架—剪力墙型结构的非线性随机地震反应和可靠性分析[J].地震工程与工程振动,1992,12(2):59-68.

[35] 司林军,李国强,孙飞飞.钢筋混凝土剪力墙二元件模型的有效性研究[J].结构工程师,2008,24(4):19-25.

[36] 林先绵,方绍华.关于剪力墙的截面形状系数及μ值表[J].建筑结构,1980(5):33-35.

[37] 黄东升,崔京浩.剪力墙结构的分析与设计[M].北京:中国水利水电出版社,2006.

[38] 包世华,张铜生.高层建筑结构设计和计算[M].北京:清华大学出版社,2005.

[39] 高湛,李华,彭少民.高层建筑剪力墙连梁的设计与分析[J].国外建材科技,2004,25(3):125-127.

[40] 尤丽娟,陈忠范.基于ANSYS的框架—剪力墙结构有限元分析[J].江苏建筑,2010(1):21-23.

[41] 中华人民共和国住房和城乡建设部. GB 50010—2010 混凝土结构设计规范[S].北京:中国建筑工业出版社,2010.

[42] 邓明科,梁兴文,王庆霖,等.剪力墙结构层间位移计算方法探讨[J].地震工程与工程振动,2008,28(3):95-103.

[43] 中华人民共和国住房和城乡建设部. GB 50009—2012 建筑结构荷载规范[S].北京:中国建筑工业出版社,2006.